陸龜飼養指南

九桃◎著

晨星出版

九桃家的龜龜

吃飯中……

喜歡
曬太陽！

目次
Contents

Chapter 1 我適合養陸龜嗎？

Chapter 2 室內環境設置

Hey!

Boo!

Chapter 5 陸龜飲食大有學問

Chapter 6 飼養陸龜的日常照料

Chapter 7
關於陸龜不舒服與疾病

Chapter 8
推薦新手飼養的陸龜物種

Chapter 9　陸龜繁殖的注意事項

Chapter 10　常見陸龜飼養問題 Q&A

近幾年來，飼養可愛又特殊的爬蟲動物作爲家中寵物的風氣逐漸興起，其中以陸龜更是受到許多大朋友與小朋友的喜愛，成爲許多飼主家中不可或缺的重要成員之一。

一方面，每一種的陸龜都具有獨特與迷人的外觀，對於人類也極具友善，因此吸引許多人的關注和喜愛。此外，小型體型的陸龜相對於其他犬貓寵物來說，其所需要的飼養空間相對較小，例如：四趾、歐陸、赫曼，且不需像養犬貓一樣需要較長時間的外出運動，同時也沒有羽毛或是毛髮的粉塵問題，因此相對容易飼養和管理。在許多亞洲國家的觀念中，陸龜是一種代表長壽與吉祥的動物，可以陪伴主人很長時間，因此也有許多人選擇陸龜作爲陪伴寵物。

很高興能夠向大家推薦這本由九桃所撰寫的《陸龜飼養指南》。作者長時間透過 YouTube 分享許多陸龜方面的飼養技巧與知識，期間更到各大專院校交流陸龜知識，讓更多的朋友了解陸龜生態。這回更是透過豐富的圖文，並從多個面向切入解析，將多年飼養陸龜知識無私地分享給大家，讓讀者們能夠更加容易地掌握陸龜飼養的方法，例如：如何挑選陸龜食物、居住環境的溫度配置、繁殖期的注意事項等。

我非常推薦《陸龜飼養指南》給所有有興趣飼養陸龜類的朋友們。這本書不僅會提供寶貴的飼養建議和知識，同時也讓你能夠以更多元的角度來了解陸龜。

最後，衷心期盼你與家中愛龜一起幸福，愛你所選、選你所愛。

新北市政府動保處生命教育特寵講師
台灣兩棲爬蟲動物協會理事

在這個生活步調越來越緊湊，生活空間越來越壓縮的社會，大多數人都會希望有一個工作以外的重心，也就是大家最喜愛的寵物。而在眾多寵物的選擇中，爬蟲類動物的優勢逐漸被廣泛看好。在這些爬蟲寵物中，烏龜因其種種特點，已經開始受到更多人的喜愛。

相較於大家熟悉的巴西龜、斑龜等常見物種，陸龜可能對大多數人而言相當陌生。原因在於台灣本土沒有原生種的陸龜，使得人們普遍認為所有的烏龜都棲息於水中。然而並非如此，其實還存在著一群可愛的陸生龜類。

無論是超大體型的霸氣象龜，或是嬌小好動的小型陸龜，都能為我們帶來意想不到的生活趣味。這些陸龜不僅外型迥異，而且其獨特的個性和行為也能讓人感受到難以想像的互動樂趣。

經過一段時間的相處，越來越多人開始體會到陸龜的互動性其實遠超過想像。有些陸龜甚至能建立起類似於小狗或小貓的情感連結，與主人之間形成深厚的情誼。儘管在台灣，烏龜寵物目前仍然屬於較小眾的選擇，但相信有一天會有更多人喜歡這群可愛的朋友。

我，九桃，自小成長在一個有烏龜陪伴的環境中。從我出生時起，九桃爸就飼養烏龜一直持續到現在。對我而言，各式各樣的烏龜一點都不陌生。不過，兒時對烏龜的興趣不大，只有偶爾摸摸牠們而已。隨著年紀增長，面臨到生活中的壓力和挫折，所以漸漸地我開始感受到烏龜所帶來的慢活節奏，這種節奏讓我得以暫時忘卻壓力，從中獲得更多的放鬆。於是開啟了自己的烏龜飼養之路。

在當時，相較於現在，關於烏龜飼養的資訊非常有限。起初，我會請教九桃爸和搜尋網路資訊，但是網路上的資訊有些零亂，甚至有不少錯誤的資訊。當時我花了 2 年，用心研究如何更好地飼養烏龜，但其中一隻一開始養的小肯，因為原先飼主的不當照顧，經過九桃努力照顧和治療半年仍然不幸離世，當時我就下定決心，必須更深入的學習，以提升自己的飼養技能。

藉著自身對於飼養烏龜的知識和經驗，我希望能向大家介紹正確的飼養方法以及正確對待烏龜的方式。希望透過九桃的分享，無論是正在飼養烏龜的朋友，或是有意想養烏龜的朋友，都能夠獲取簡單而正確的飼養資訊，從而更好地照顧我們的烏龜，也不再為尋找解答而困擾。

飼養陸龜並沒有絕對正確的方式，此書分享的飼養教學都是九桃自己飼養多年並且研究的結果。需要注意的是，許多分享的資訊需要依據各自的飼養空間和情況進行微調和適應喔！

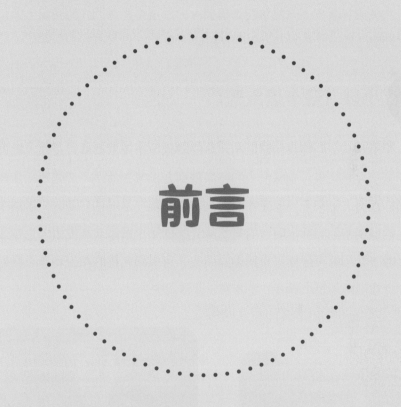

前言

九桃家的高人氣陸龜

　　九桃家有很多不同種類的烏龜們，由於這本書專門介紹陸龜，所以想把家裡與九桃一起長大的陸龜們介紹給大家！

小蘇（蘇卡達象龜）

　　「小蘇」是九桃家目前最高人氣的陸龜，不要看小蘇長這樣，牠可是世界第三大的陸龜。小蘇很小的時候就到九桃家生活了，一開始是住在小小爬缸裡面，後來不停地變換飼養的位置，現在是居住在陽台。這個小小天地經過周密的設計，陽台的充足陽光不僅讓小蘇越來越健康，也越長越大隻啦！對小蘇可愛樣子有興趣的朋友，可以到九桃的頻道看看小蘇的影片，實在不得不說小蘇真的是非常、非常乖呢！

名字｜小蘇
物種｜蘇卡達象龜

■ 小蘇剛到九桃家的時候

■ 小蘇長大後現在的模樣

◀ 來看看小蘇可愛的樣子

TOP 2 小紅（紅腿象龜）

　　小紅是九桃家紅腿家族的老ㄠ，雖然現在體型已經不是最小，但年紀是最小的喔！在紅腿家族中，小紅最紅、個性最古怪，但深受大家喜愛。牠是唯一從小就在九桃家長大的紅腿象龜，特別古靈精怪又非常可愛討人喜歡。

名字｜小紅
物種｜紅腿象龜

我是小紅

推薦養陸龜的 10 個理由

陸龜絕對是非常好的寵物選擇，當然，身為重度烏龜愛好者的九桃這樣說，肯定不夠有說服力，那就讓九桃跟各位分享 10 個陸龜當寵物的優點吧！

1. 不吵不鬧

相信很多朋友正在找尋可以舒適共處的寵物，尤其是身處在小型社區或是人口較密集的環境，多數鄰居對噪音的忍受度很低，所以飼養烏龜是最好的選擇。

■ 紅腿象龜乖乖等吃的模樣

基本上人們很少會禁止飼養烏龜作為寵物，因為不管是陸生烏龜還是水生烏龜，牠們都不會發出大聲的噪音。陸龜頂多發出碰撞的小小聲響，而澤龜只會產生微小水流聲和拍水聲，這些聲音都不會對他人造成干擾。

2. 所需空間不大

　　第 2 個優點則取決於你飼養的烏龜物種，每種烏龜都有其獨特性，不管你的飼養空間有多大或多小，一定都能找到適合自己的烏龜物種。如果你的空間有限，無法容納太大體型的物種，那最好選擇體型小的烏龜。要注意的是，一般我們所看的烏龜都是在幼體階段，因此一定要先了解這些龜龜預計成長的大小，並為牠們提供一個適合的生活空間。

▌不需要太大空間的歐系陸龜

3. 可放心外出旅行或出差

第 3 個優點是我們不必被綁在家，能夠自由安排外出。基本上烏龜每週只需進食 2 ～ 3 次，甚至天氣很冷的時候，一週只需餵食 1 次，或者可以不用餵食。當我們需要外出旅行，例如：2 ～ 3 天，只需要事先做好準備和檢查環境，就可以毫無顧慮地出門。

4. 有互動性

第 4 個優點或許會令一些人感到意外，那就是烏龜是否具有互動性：答案是有的。事實上，經過長時間的相處，會發現烏龜與人的互動性相當不錯，甚至與其他物種的互動也表現得非常好。以九桃家的卡卡和小蘇為例：小蘇是陸生烏龜（蘇卡達象龜），卡卡則是水生烏龜（鑽紋龜），兩者的互動性都十分出色。

超愛討摸
的小蘇

▌攝影：tagme

其他像紅腿象龜和四趾陸龜也都具有一定程度的互動性。走近去摸摸牠們，是沒有問題的。至於要像小蘇能夠聽得懂一些簡單指令的烏龜，則可能需要時間慢慢與牠們培養了。其實龜龜的智商比許多人預期的還要高。

5. 不需花太多時間

這是養烏龜當寵物最大的優點。一般需要在烏龜身上花費的時間，只有「打掃」和「餵食」，想不想花更多時間與家中的烏龜進行互動，則視個人意願而定。如果你目前的工作比較忙碌，無法每天有時間帶寵物出去散步、尿尿等，但是又想養 1 隻寵物，那養烏龜就是一個很棒的選擇。若有時間就多陪陪牠們，若沒空就先去忙，畢竟餵食和打掃不需要每天做，可依實際情況調整。

6. 開銷低

第 6 個優點是，相對於購買特殊的高價物種，養普通烏龜的日常開銷相當少，只有一開始的購置設備和烏龜本身的價格是要多花點錢，但與許多其他寵物相較下來，養烏龜的總成本低很多。再來是日常照顧方面，烏龜的飼料費用非常便宜，除了大型象龜外，特別是小型烏龜的食量通常比大家想像中還要少。其他額外的水電費開銷，就算只飼養 1、2 隻烏龜，基本上都可以被視為微不足道的費用。

7. 舒壓療癒

看陸龜吃東西，超舒壓

第 7 個優點是九桃當初決定養烏龜的原因之一。烏龜是一種慢活的生物，除了吃東西時偶爾會快速反應外，多數情況下，牠們的動作基本上都是緩慢的。尤其是慢慢吃悠哉的樣子，總能夠讓我一下子紓解掉平常生活中的壓力。九桃時常抽出時間，陪坐在牠們旁邊，跟牠們一起曬太陽，看牠們吃東西，彷彿匆忙的生活步調在那一刻都放慢了下來。

8. 可以陪你很久

第 8 個優點就是烏龜的「長壽」，陸龜壽命又比澤龜更長，澤龜若有好好飼養的話，壽命有 20 ～ 30 年以上，所以烏龜能夠陪伴我們很長一段時間。很多陸龜甚至可以活得比人類更長，所以我們跟龜龜相處的時間可以非常久哦！

9. 有觀賞性

第 9 個優點有別於其他常見寵物。烏龜算是帶有觀賞價值的寵物，我們可藉由布置牠們的居住環境獲得成就感，甚至有些人會在居家裝潢設計中融入烏龜們的飼養空間，變成家中裝潢的一部分。九桃看過非常多漂亮的烏龜飼養空間，真的是令人非常羨慕呢！

10. 可以認識不同的人群

第 10 個優點是我們可以藉由養烏龜，有機會認識到平常不會接觸到的人群。在台灣，烏龜的寵物市場算是小眾的，因此養烏龜的人相對較少，使得烏龜成為特別的寵物。我們為了要好好飼養牠們及提供良好的照顧，通常會想要上網爬文、參加社團或是參加爬蟲聚會，這些活動都能讓我們認識到許多平常不會接觸到的人群。

█ 關於紅腿陸龜的演講

Chapter

1

我適合養
陸龜嗎？

攝影：tagme

什麼是陸龜？

　　「陸龜」是大家比較少聽到的一類烏龜名稱，跟大家耳熟能詳的巴西龜、斑龜、海龜其實是不同的喔！那究竟什麼是陸龜呢？

尾巴

前後腳

●	頸盾
●	椎盾
●	緣盾
●	肋盾
●	臂盾

甲殼

眼睛

耳朵

耳朵

陸龜的耳朵常被忽略，其實就位於眼睛後面的不遠處。耳朵的外形因物種而異，有些物種的耳朵不太明顯，而有些物種的耳朵則可明顯看到 2塊圓圓的皮膚，比周邊的皮膚光滑且平坦。因為陸龜的耳朵構造較為簡單，沒有外耳只有鼓膜，所以在聽力上不算太好，儘管如此，陸龜還是可以聽得到聲響的喔！

眼睛

陸龜的眼睛總是圓圓的很可愛，而且牠們的視力也非常好，基本上可以辨識很多的顏色和形狀，不然怎麼有辦法找到好吃的東西呢！

鼻子

陸龜的鼻子在臉部的正中間，嘴巴上方的 2 個小孔就是牠們的鼻子。陸龜的嗅覺非常靈敏，除了靠眼睛尋找食物外，也可以透過嗅覺尋找可以吃的食物，並且陸龜的鼻子還有一個很重要的功能，那就是多數的陸龜都是用鼻子來喝水。

嘴巴

陸龜的嘴巴跟鳥類一樣沒有牙齒，是依靠喙的結構來咬斷食物，所以就算是草食性陸龜，還是有著不弱的咬合力，在餵食牠們時，要小心不要被咬到。

甲殼

　　陸龜有著厚重的甲殼，這些甲殼是牠們身體的一部分，屬於牠們的外骨骼。因此，這些甲殼會隨著陸龜的成長一起增長，並非可以脫下來換殼的。陸龜的甲殼下方分布著神經，在觸碰甲殼時，牠們是有感覺的喔！

前後腳

　　陸龜的前後腳大多數都有 5 個腳趾，只有少數物種，如四趾陸龜有 4 個前趾。大家不要小看陸龜肥肥短短的前後腳，當牠們認真行走時，速度其實不慢。此外，在母龜繁殖時，那些看似笨拙的後腳實際上非常靈活，可以靈巧的挖出一個蛋洞，再將洞口填回去，這樣還敢小看牠們嗎？

尾巴

　　陸龜的尾巴對牠們來說具有非常重要的功能。陸龜的生殖孔以及排泄孔是在一起的，這就是為什麼陸龜的尾巴上有一個泄殖孔。這個結構既用於排泄功能，也同時有交配生殖的功能，所以通常公陸龜的尾巴會比較長，這是因為尾巴內需要足夠的空間容納生殖器官。

何謂烏龜？

　　所謂的「烏龜」其實是涵蓋所有龜類的總名稱，進一步細分的話，大致可以分成「澤龜、陸龜、箱龜、海龜」這4種。在這4種大分類底下，又依照牠們的外型、生活習性等，又區分出很多不同的種類。例如：全水棲澤龜、半水棲澤龜、蛋龜、泥龜等。

　　大家最常見的「巴西龜」或者「斑龜」這一類屬於「半水棲澤龜」。牠們的手、腳趾間都會有蹼可以幫助牠們在水中移動。而台灣原生種「食蛇龜」則屬於「箱龜」，牠們的腹部甲殼有一條韌帶，可以將龜殼完全的關閉起來，讓牠們在面對天敵或是危機時，可以更好的保護自己。

　　本書的主角陸龜有哪些獨特的特徵呢？一起繼續看下去吧！

▌斑龜的前腳蹼

▌箱龜的腹部
照片提供：玩家強哥

陸龜的身體特徵

在眾多種類的烏龜中，該如何分辨出陸龜呢？

「陸龜」顧名思義就是在陸地上生活的烏龜。有別於澤龜，牠們不需要在水中進行移動覓食，所以陸龜的手腳並不會有蹼，相對牠們的前、後腳強壯有力，可以撐起身體行走。有的陸龜甚至擁有強壯的趾甲，來幫助牠們行走以及挖掘洞穴。

除了腳掌有無腳蹼的特徵做為分辨，還可以透過四肢的鱗片來辨識澤龜與陸龜。

> 澤龜的腳趾間具有蹼，可以幫助在水中游泳。

> 陸龜需要強壯的趾甲幫助行走、挖洞穴，腳趾間無腳蹼。

▌澤龜後腳　　　　　　　　▌陸龜後腳

四趾陸龜的強壯趾甲

　　由於澤龜在補充水分比陸龜容易的多，大多數澤龜四肢的鱗片相較之下非常小片，觸碰起來較軟嫩。相反的，陸龜爲了減緩水分的流失，四肢通常會有較大、較硬的鱗片來保護，尤其在沙漠等水分不容易取得的生活環境下，更是明顯。

　　另外，也可以觀察到雨林系陸龜的鱗片相較於沙漠系陸龜的鱗片明顯較少且較小片喔！

澤龜手臂

沙漠系陸龜手臂

雨林系陸龜手臂

陸龜公母分辨方式

　　任何幼年時期的烏龜都無法利用肉眼分辨出公的或母的，牠們需要成長到一定的大小，才會顯現其性別特徵，最主要的辨別方式，就是看泄殖孔的位置來判斷。

　　每種陸龜都有其獨特的性別識別方式，其中「體型」是一個常見的特徵。成年的公陸龜和母陸龜的體型會有所不同。以四趾陸龜為例，公龜通常會比母龜小一些；然而，亞達伯拉大象龜的情況則相反，公龜可能會比母龜更大隻。

四趾陸龜的公龜
（右）比母龜
（左）還更小隻

▌四趾陸龜母龜　　　　　　　▌四趾陸龜公龜

最主要的分辨方式還是以尾巴的長度、粗細以及泄殖孔的位置做為判斷，但有些陸龜由於尾巴比較短等原因，會較難判斷出公與母。遇到這樣的狀況時，只需把公與母的陸龜進行比較，很容易就能夠判斷出性別。

整體來說，公龜的尾巴會明顯長於母龜，並且泄殖孔會離腹部較遠喔！

■ 紅腿象龜母龜

■ 紅腿象龜公龜

飼養陸龜都需要證書！

　　如果你想要飼養陸龜，了解以下這點非常重要：所有的陸龜都屬於CITES（瀕臨絕種野生動植物國際貿易公約）中二級以上保育類動物。不只如此，有許多種陸龜是 CITES 一級保育類動物。所以在考慮飼養陸龜之前，對每種物種的研究是不可少的。

　　為什麼陸龜被列為保育類動物，我們還是可以飼養呢？

　　這就是證書的重要性了。其實所謂的證書，就是證明我們飼養的陸龜是從合法的繁殖場進行人工繁育的個體，而不是由任何非法管道取得的野生個體。有了證書和一系列的保育措施，可以讓保育類的陸龜，在原棲息地中自由地生活、繁衍，而不受到打擾、破壞甚至捕抓來販售的威脅。不管你是從哪種管道購買陸龜，都應記得向店家取得你所飼養陸龜的證書。

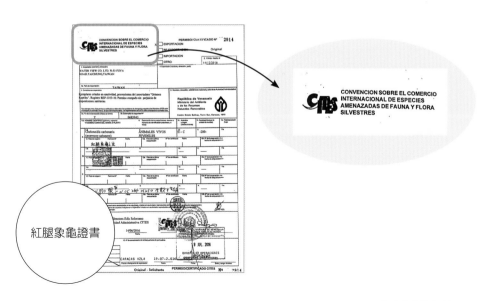

紅腿象龜證書

從幼龜開始飼養

▋圖片來源：Shutterstock

　　在飼養幼龜方面，環境的布置與成年龜相比是差不多的。但需要特別注意的是，選擇的底材材質不應該讓幼龜容易被卡住。還有，幼龜的死亡率相對較高，若是飼養方式與環境都差不多，會是什麼原因造成幼龜死亡率偏高呢？

　　想像一下，飼養幼龜就像照顧嬰兒一樣，一旦氣溫微微變化，大人沒什麼感覺，可是小寶寶就會感到不舒服，幼龜們也是，牠們的抵抗力和體質比成龜脆弱很多。講了這麼多，到底在飼養幼龜時，要怎麼避免讓牠們不舒服、感冒呢？其實就是「用心」這兩個字。

或許有人覺得九桃在亂說，事實上，觀察和照顧幼龜的情況，是決定牠們能否健康成長的關鍵。很多小毛病在初期就能發現，並且輕鬆解決。但如果拖久了，問題就會嚴重惡化，特別是在幼龜體質較弱的時候。所以飼養幼龜沒有什麼訣竅，只需用心觀察和照顧，就可以把幼龜養得健健康康、白白胖胖哦！

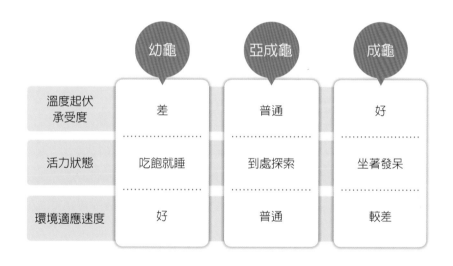

	幼龜	亞成龜	成龜
溫度起伏承受度	差	普通	好
活力狀態	吃飽就睡	到處探索	坐著發呆
環境適應速度	好	普通	較差

以上這張表格提供給大家參考，用來了解在同樣的環境下，同一物種在不同的年齡階段，可能會有哪些生理和心理上的差異，希望能幫助大家更加留意龜龜的狀態。

第 36 頁是關於幼龜的常見問與答，希望對你有所幫助：

Q1 幼龜一直在睡覺，正常嗎？

　　九桃收到最多關於飼養陸龜幼龜的問題，其中一項是：「我家幼龜一直在睡覺，是正常的嗎？」我要告訴各位，幼龜睡覺的時間會比較長，是正常的現象。不過，在確定幼龜的睡眠狀態是否正常之前，還需要進一步的觀察和判斷，因為在有些情況下，如感冒、生病或不舒服，也可能會出現嗜睡的症狀，所以請務必保持細心，切勿掉以輕心。

　　判斷幼龜一直在睡覺是否正常，可以從 2 個點去觀察：

　　1. 觀察牠在吃東西時的活力。一隻健康的幼龜在吃東西時應該充滿活力，會四處找找看有沒有吃的，或是在吃飽後稍微到處走走看看，畢竟小孩子除了愛吃和愛睡之外，有另一個最主要的特性就是充滿「好奇心」。

　　2. 觀察食慾。正常來說，幼龜的食慾是不錯的，儘管有時可能受天氣影響，但至少不會在吃東西時有氣無力的，或者是不太想吃，那都是不正常的情況。最簡單、直接的觀察方法是看牠在吃東西時是否有異常，如果龜龜進食時懶懶的，沒有精神吃，且一直處於睡覺狀態，叫了也不太醒，可能需要更進一步的關注。

Q2 幼龜該吃多少的食物量才算正常？

　　這個問題比較抽象，因為不同的幼龜、不同的大小、天氣狀況等因素都會直接影響幼龜的食量。

　　九桃常常被詢問：「我家幼龜每次只吃 1、2 顆飼料，這樣正常嗎？」

　　經過這些新手們的提問，發現有很多人擔心幼龜吃不飽，1 天餵食 3

餐，每次吃 1、2 顆，這樣的餵食頻率算是過量了。太多的餵食容易造成龜龜腸胃道的負擔，建議保持正常的餵食頻率，例如：2 天 1 次，或者是每天餵食但份量減少，之後再從中觀察平常大概能吃多少，這樣就可以更好地掌握適量餵食的情況。

同時，需根據天氣情況做適當調整，例如：天氣從冷回暖，食慾應該要稍微提高而卻沒有提高、天氣慢慢變冷或是變得太熱，食慾應該會稍微降低而卻沒有降低等之類的，這些因素都是判斷幼龜食量是否正常的重要參考。

Q3 幼龜的餵食跟成龜有何不同？

飼料的種類總是讓人不知道該如何挑選，在此簡單跟各位分享有關餵食陸龜幼龜的注意事項。

首先，要注意營養的均衡，雖然幼龜的腸胃道還處在較脆弱的時期，但適當的補充纖維質，仍然非常重要。同時，記得飼料不要浸泡得過於濕潤或軟爛，這能幫助、保護幼龜的腸胃道保持健康。

至於飼料的挑選，幼龜可以選用蛋白質含量高一點的，隨著幼龜的成長，蛋白質可以慢慢減少，纖維質慢慢增加，讓其營養攝取與成長階段相符合。

飼養陸龜前的疑問大統整

Q1 飼養陸龜需要很大的空間嗎？

在飼養陸龜時，很多人可能一開始沒有思考到的點，就是所需的環境空間。多數的陸龜體型都蠻大的，即便有些體型較小的陸龜，像是「四趾陸龜」、「赫曼陸龜」等等，也需要足夠的空間。飼養陸龜的環境空間，不僅僅是考慮到牠們目前的體型，更需要預見牠們成長後的體型以及所需的活動空間。

所以，在決定購買陸龜回家飼養前，一定要謹慎評估我們所提供的空間，是否足夠讓牠可以有一個舒適的生活環境。

Q2 陸龜的成長期與壽命

一般來說，陸龜的壽命通常在 30 ～ 60 年之間，甚至有些物種可以活到上百歲。長壽的特點常常影響我們是否選擇飼養陸龜，但究竟陸龜的壽命如何與我們是否適合養牠們，有哪些關聯呢？

陸龜在寵物種類中屬於長壽型的，牠們的生長時間相對比其他寵物來得緩慢，這時要看自己是否有能力持續照顧，是非常重要的評估重點。就算牠們是在幼體脆弱期、生病，甚至身體有殘缺的時候，我們都必須付出更多心力照顧牠們。所以，在決定飼養陸龜之前，這是一個需要認真評估的重要考慮因素。

Q3　飼養陸龜開銷會很大？

　　寵物的可愛無庸置疑，但飼養成本是大家最在乎的一個重點。陸龜的飼養在初期會花費較多，主要是一開始養殖環境的準備，這包括陸龜本身的購買價格，以及所需的飼養設備，如上圖中的飼養容器、燈具、底材等。

　　在之後的日常飼養方面，相較其他常見寵物，陸龜的伙食費用較低。然而，需要特別注意的是，某些需要加溫的物種，在電費上會是一筆開銷。

Q4 陸龜跟飼主會有互動嗎？

　　當然有互動哦！一般人對烏龜的印象應該就是在水族箱中游來游去，與主人沒有什麼互動，其實在我接觸陸龜前也是這樣想。

　　有看過「九桃與烏龜 Daily Life」頻道的朋友，都知道我們家「蘇卡達象龜：小蘇」非常的親人，像隻小狗狗一樣。小蘇能辨識自己的名字，甚至聽得懂一些簡單小小的指令，更不要說那些日常的撒嬌、討食物等等的行為了。當然每種不同的陸龜或多或少有些不同，但是只要好好的與牠們培養感情，相信基本的互動都會有的喔！

我撒嬌
我驕傲

▌攝影：tagme

Q5　各種形態陸龜

　　陸龜的物種種類非常多，會因爲居住環境不同，而各自演化出大不相同的特性、食物以及日常需求，我們大致可以簡單根據生活環境，將陸龜分出 3 個類別，以協助判斷大概的飼養方式以及所需環境等等。

沙漠系　蘇卡達象龜、四趾陸龜

　　沙漠系的陸龜大多時候是居住在沙漠以及周邊綠地等環境，這類型的陸龜在取得水源上本來就不易，所以擁有厚重的甲殼以及粗壯的鱗片，是爲了防止牠們的水分容易快速的蒸散。

蘇卡達象龜

雨林系　紅腿象龜，亞達伯拉象龜

　　大多生活在熱帶雨林或植被茂盛的灌木林中，相較於其他陸龜，雨林系陸龜的數量較少。牠們的甲殼顏色通常較深，這樣有助於更有效地吸收

太陽熱能。此外，牠們的手臂鱗片
較薄且較少。在人工飼養中，雨林
系陸龜的腸胃在照顧護理上比沙漠
系陸龜較爲簡單。

紅腿象龜

草原系 歐洲陸龜，赫曼陸龜

　　草原系陸龜的各種習性介紹
於前面兩種之間，並且分布地區
最廣，種類也非常多樣。雖然牠
們生活在水源取得不是太難的環
境。但在人工飼養方面，與雨林
系陸龜仍有明顯的食性差異。大
多數的草原系陸龜主要以闊葉植
物爲主食。

我是
歐洲陸龜！

帶陸龜回家前要先布置好環境

陸龜需要適應期

為什麼會說在帶回家之前，先布置好環境呢？

每種陸龜在換環境後都需要一段適應期，這段時間可能會產生不同的行為，如「不吃東西」、「不敢活動」或「非常躁動」等，這些行為都是陸龜對新環境不熟悉所導致的。適應期可能很短也有可能很長，不是我們能控制的。

我們唯一能掌控的，是把陸龜帶回家後，馬上提供一個適合牠們的環境，讓牠們可以快速適應新住所，以減少為陸龜所帶來的危害。如果在陸龜剛到新環境尚未適應的時候，一直不斷地更換、變動環境，可能會讓陸龜更加感到緊張，並可能導致更多問題的產生。

飼養位置的選定

在確定要飼養陸龜之後，我們需要了解該物種「會需要多大的空間？」、「會需要怎樣的氣溫？」、「會需要怎樣的濕度？」等等之後，就可以在家中找到最適合的地方來安置牠們。這一步非常重要，就像之前提到的，我們應該避免在陸龜剛被帶回來後，繼續移動、變更牠們的飼養位置及環境。

至於，該如何挑選一個適合牠們的位置呢？

首先，檢查擺放飼養容器的空間是否足夠，所要使用的電器、插頭是否安全，所要放置的地方是否溫度相對穩定、沒有冷風、太過悶熱等問題，綜合考慮這些因素後，我們便能確定一個最適合安置牠們的位置。

養龜挑選放置龜窩的環境不外乎考慮的是「溫度」、「濕度」以及「通風度」。

這三者間存在著微妙的關係。舉例來說：

若選擇一個溫度穩定的位置，其通風度往往可能較不理想。而在通風度良好的地方，冬季很難保持恆溫，且可能偏乾燥，但夏天則不易感到悶熱。所以在選擇位置後，我們需要在不同的季節中進行觀察。夏天應重點觀察「是否會過於悶熱」，而冬天則要注意「冷風是否會直接吹到」。以確認我們選擇的位置是否能滿足一年四季的需求。

製作中的
陸龜躲避屋

適應期的各種行爲該如何應對？

在前面章節中，跟各位分享了陸龜回家後的反應。不論牠們是否對你所設計的環境感到滿意，或者飼養的位置是否適當，多數陸龜都會經歷一段適應期。這段適應期或長或短，因龜而異。

前面提到的「不吃東西」、「不敢活動」、「非常躁動」、「人不在會吃東西，人在就躲起來」、「小小動作就會嚇到牠」等這些表現比較敏感的行爲，我們其實不必太擔心。很多人會來問我說：「我家陸龜已經回來兩三天了，都不吃東西是不是有問題？」大多數狀況下，這只是因爲牠們正處於適應期，而不是眞的有生病的問題。

新手飼主遇到陸龜的這些行爲表現時，常常不解而做出錯誤的反應。例如：「咦～是不是環境不對？」然後開始瘋狂改變飼養環境；或者猜想「咦～是不是生病了？」並開始抓起來翻來翻去、看來看去，早上看一下、晚上也看一下。當牠們不吃東西時，甚至會不斷地將食物放到牠們面前，試圖引起牠的興趣。殊不知這些動作，反而才是造成牠們需要更長時間去適應的主要原因。

當我們剛把烏龜帶回家時，除了先前章節提及的環境布置和選好位置之外，我們也需要給予牠們一點的私人空間。請準備適量的食物後，人離開或是躲起來偷偷觀察牠有沒有吃東西。暫時不要與牠們有太多的互動，等牠們在新環境中穩定下來會更好。

Chapter

2

室內環境
設置

攝影：tagme

飼養容器

飼養陸龜的容器選擇可以說是五花八門，每位飼主都會有自己偏好的飼養設備，不過，這是一個優點，也是一個缺點。

優點是飼主可以享受到尋找不同種容器之中，為自己龜龜打造一個獨一無二的生活空間。很多人認為，在爬蟲飼養的過程中，除了與寵物的互動，「設置環境」過程也是其中的一大享受；缺點是初學者可能會因為看到太多種飼養方法和建議，而抓不到頭緒，因為社團的發問或是網路上的影片，飼養容器、環境都千差萬別，不確定哪一種方法最適合自己的烏龜。

那麼，哪個最適合我心愛的龜龜呢？

在這章中，我將為各位分享常見的飼養容器及其優缺點。在這邊特別強調，並沒有絕對「正確」的飼養方式，只有找到最適合自己的飼養方式才是最好的。

爬蟲缸

爬蟲缸顧名思義是專為爬蟲類動物設計的住所，爬蟲缸分成很多種，有烏龜、蜥蜴、蛇類、變色龍等不同的爬蟲動物。這幾類的缸並沒有被限制只能養某種動物。那麼，對於陸龜的飼養，該選擇哪種缸呢？一個簡單的方法是從缸的外觀和功能性去評估。

陸龜適用的爬蟲缸應具有寬大的底部空間。如果看到底部空間小缸身非常高，這種大多是給變色龍、守宮這類爬蟲使用。另外，可以觀察門的

設計，如果門相對於缸的整體尺寸顯得較小，那個不是設計給陸龜使用，因為適合烏龜的爬蟲缸，通常門不會設計得太小。

▍陸龜、蜥蜴都合適的爬蟲缸款式　　　　　　　▍通風良好的爬蟲缸

　　分享如何分辨陸龜專用的爬蟲缸後，接下來要跟各位分享使用爬蟲缸飼養陸龜的優缺點，了解後將會發現，使用爬蟲缸各有利弊。

　　爬蟲缸四周採玻璃設計，其上方是一大塊的紗網，不開門的話，只有上方能夠讓空氣進出。然而，當四周是玻璃且只有上方有透氣口時，要讓空氣很流通是困難的。

　　冬天在缸內幫陸龜加溫，保溫效果佳，冷風難以直接吹入，能保護烏龜不易生病，所以對於冬天的飼養，爬蟲缸是個很好的選擇。

　　但在夏季若不加裝通風扇，爬蟲缸在夏天會非常悶熱，除非將玻璃門打開，但這樣做存在著風險，那就是烏龜可能會藉此機會跑出去。所以如果使用爬蟲缸飼養陸龜，在夏天要特別注意通風問題，不要讓龜龜悶到了喔！

分享爬蟲缸的選擇和對溫度的影響之後，接下來跟大家分享很重要的「爬蟲缸容易清理嗎？」。這取決於你所使用的底材是什麼，不同的底材造景會造成不同程度的打掃難易度，但就整體來說爬蟲缸不算太好整理。

原因是爬蟲缸大多是厚重的強化玻璃和塑膠邊框組成，它不算是非常重，但也不太可能搬來搬去做整體的刷洗。通常會使用小掃把，將比較乾燥的東西掃掉，接著使用濕抹布或其他清潔工具進行擦洗，並且需要定期消毒，保持環境的衛生。所以會被侷限在爬蟲缸裡清潔，使得整個過程無法靈活，比較綁手綁腳一點。

爬蟲缸

優點	冬天保溫容易、有門有上蓋不怕掠食者、美觀
缺點	夏天通風不易、打掃不算方便
售價	2000 元以上

控溫箱

很多人可能見識過非常厲害專門飼養陸龜的控溫箱，甚至有些「大神」自製的控溫箱都相當出色。順帶一提，控溫箱大多以特製居多，專家老闆們會依照自己飼養所遇到的問題，經過一次次做改良，設計出符合多數龜龜們需求的箱體。與前面介紹的爬蟲缸相比，控溫箱究竟有哪些優缺點呢？詳細說給各位知道吧！

控溫箱的設計是四周為封閉的空間，不同於爬蟲缸，控溫箱會裝置如

通風扇和空氣對流孔等裝置，以增加空氣的流通，這樣能有效改善悶熱問題。冬天時，控溫箱會根據箱內氣溫，配合加溫設備以及通風設備去做箱內氣溫的調節。在溫度控制上，控溫箱明顯優於爬蟲缸。不過在清潔方面，二者卻是差不多，雖然不至於困難，但也不能說很好整理。

再來要談的是控溫箱最大的缺點，那就是價格。由於控溫箱所採用的材質較好與設備較為先進，使得其價格相對較高。還有，大部分的控溫箱都已經有固定的線路和格局設計，使用者在操作上只能遵循原有的設置，無法做太多的更動。

▋ 自製木頭控溫箱

▋ 控溫箱的透氣孔

控溫箱

優點　容易控制溫度、有門有上蓋不怕掠食者、美觀

缺點　價位較高、打掃不方便

售價　萬元以上（自製價錢較不一定）

塑膠箱

使用塑膠箱飼養陸龜是最陽春且經濟的方式。塑膠箱的種類尺寸多樣化，很多人使用這種容器飼養陸龜。塑膠箱的優缺點顯而易見，首先，相較於前述的飼養方法，塑膠箱價格便宜。其次，它提供了高度的彈性，飼主可

■ 底部寬大的塑膠箱

以按照需求自訂照明位置或是挖孔。隨著烏龜的長大要換更大的環境相對簡單許多，打掃方面非常的容易，可以整箱清洗，移動十分方便。

塑膠箱最大的缺點是外觀不美，與透明玻璃容器相比，飼主無法直接看到烏龜，只能從上方俯瞰，但這能降低在新環境適應中龜龜的緊張情緒，比起透明玻璃，塑膠箱較不易造成陸龜的驚嚇。但是在溫度的維持上，略遜於前述的其他兩種容器。

塑膠箱

優點	非常容易打掃、變化性大
缺點	不容易保溫、觀賞不美觀
售價	千元上下

說完塑膠箱的優缺點後，分享幾點用塑膠箱給陸龜當飼養容器的心得。

小陸龜：選擇高度較低、不易爬出的淺盆。這階段的陸龜體重較輕，
　　　　容器的硬度不用太在意。

大陸龜：必須特別注意箱體的硬度，建議避免紅色或過於鮮艷的顏色。

魚缸

　　很多人選擇用魚缸做為飼養陸龜的容器，不過魚缸的缺點一眼就能看出，那就是魚缸通常高度較高，必定會遇到的問題是夏天太過於悶熱不通風，除非你選擇訂製或本身設計較淺的魚缸。

　　至於清潔方面，較大型的魚缸往往難以進行有效的清潔。雖然視覺觀賞效果很美，但需要花比較多的時間觀察和適當進行改造。

■ 一般的魚缸高度較高

魚缸

優點	價位便宜、變化性大、容易購買
缺點	不容易通風、大尺寸打掃不易
售價	依造大小決定、通常在千元以內

底材布置

跟大家分享了選擇飼養容器的各種優缺點後，接下來分享底材的選擇。

底材的種類也是千變萬化，九桃給大家一個選擇底材的參考重點：

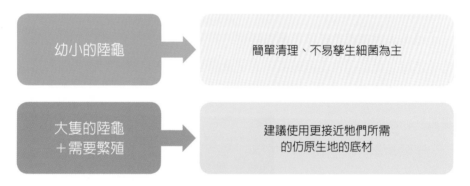

| 幼小的陸龜 | ➡ | 簡單清理、不易孳生細菌為主 |

| 大隻的陸龜
＋需要繁殖 | ➡ | 建議使用更接近牠們所需
的仿原生地的底材 |

小陸龜：建議選擇容易清理且不易孳生細菌的底材。

大陸龜且有意進行繁殖：選擇仿其原生地的底材，以更符合陸龜的自然需求。

這個小小選擇，對於後續飼養陸龜的維護工作有著深遠的影響，並且也讓陸龜遠離細菌感染、甲殼問題等健康隱憂。

■ 多種不同底材的選擇，對於陸龜的成長非常重要。若沒有使用底材，讓陸龜生活在光滑的平面上，牠們的後腳會因長期缺乏適當的支撐，而造成後腳骨骼變形，更嚴重可能會導致背甲的後部塌陷。

人工草皮

有看過九桃影片的朋友相信都知道，九桃家的小陸龜是用人工草皮。市面上的人工草皮種類繁多，特別建議使用下方圖片所示的塑膠材質且固定性強，不易被拔起的人工草皮，有些像是地毯類的人工草皮一捲可以捲起來的那種，還有草是一支一支很細緻的款式，則不建議使用，因為陸龜可能會誤食。

人工草皮到底有什麼優點？如果選擇九桃所推薦的款式，誤食的機率非常低，陸龜只有在一開始適應環境時會去咬看看，久了知道不能吃，就不會刻意去咬了。再來，人工草皮非常適合小陸龜，因為牠們行走時腳下有穩固的支撐，腳不會陷入或卡住。

人工草皮的清洗算是簡單的，可以直接整塊拿去刷洗，但要注意，人工草皮上方草的交會處較多，汙垢容易卡在裡面，刷洗的時候要特別留意。

可以在人工草皮下面墊一層報紙，當需要清潔人工草皮時，只需將下方的報紙捲起並替換，這樣飼養容器的底部便可更方便地進行清潔和消毒。

■ 葉片較為堅固的人工草皮

人工草皮

| 優點 | 清洗容易、迷你龜通常也都可以使用、方便購買 |
| 缺點 | 葉片交會處容易卡髒汙要特別清洗 |

腳踏墊

　　腳踏墊是九桃使用最多的底材。腳踏墊有分大孔洞和小孔洞款式，可以依照所飼養的陸龜大小去挑選。

　　與人工草皮相比，腳踏墊的清洗潔更為簡單，因為沒有上方的草片，只需要整片拿去刷洗即可。除了對於太小的陸龜不太適合外（擔心腳會卡住），沒有其他的缺點了。人工草皮和腳踏墊這類型的底材，最大的優點在於它們能將烏龜的腹甲與其尿液分開來，好處是可以減少陸龜腹甲的細菌孳生，尤其是在夏天的時候，如果沒有每天清洗，腹甲泡在尿液裡面，很容易造成腹甲的感染。

要特別注意的是需確認陸龜腳掌大小不會卡進去孔洞裡

▌不同孔洞大小的腳踏墊

腳踏墊

優點 清洗容易、大陸龜也有適合的孔洞尺寸、方便購買

缺點 孔洞尺寸選擇錯誤，陸龜的腳容易卡住

銅錢墊

　　相較之前介紹的兩種底材，銅錢墊不太為人所知。在許多游泳池或菜市場的地面上，都會看得到，它們通常被用來當作止滑墊，是非常不錯的底材。

　　鋪設的難度比前面兩種低，不需要看哪邊要卡住接上另外一片，只需量測量所需的尺寸，整片剪裁好放進去就好，它為陸龜行走提供了良好的支撐力，同時它也是我所分享的底材中最易於清洗的一款。唯一的缺點是沒有孔洞，陸龜的尿液很容易與其腹甲泡在一起。此外，由於輕薄，若陸龜有往下挖的習性，墊子很容易整片被翻起，或是陸龜整隻躲到下面去。

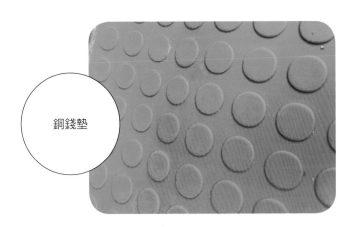

銅錢墊

銅錢墊

優點	清洗超容易、設置容易、方便購買
缺點	陸龜腹甲會接觸到尿液、容易被陸龜翻起來

沙土、樹皮屑、牧草

　　這是最多人一剛接觸爬蟲最想用的底材，九桃也不例外，各種沙土或是樹皮屑都用過，因為這類型的底材用在造景上效果是最好看的，能營造出像動物園裡原始的環境感，多數人和我都有一樣的憧憬。

　　不過九桃在前面的章節分享過，除非是為了繁殖，我不推薦使用這類型的底材。因為這類型的底材不易清理，容易吸收動物的大便和尿液，不易清理也意味著容易造成細菌的孳生，加上台灣的氣候潮濕悶熱，更是助長細菌的繁殖，再來是，陸龜誤食這些自然底材的機率非常高。

　　這時候會有人問：「野外的陸龜不是也會吃嗎？」

　　「對！當然沒錯！」不過我們並不知道有多少野生陸龜因誤食而死，再來我們也沒辦法保證提供的底材，是否跟牠們原生地是一樣的。

■ 用砂土飼養的四趾陸龜繁殖組

　　整理以上種種原因，九桃還是會建議大家，一開始飼養小陸龜，使用好清洗、整理的底材，不僅方便觀察陸龜的健康狀況，而且在出現問題時，也能更快地找出原因。

沙土、樹皮屑、牧草

優點 觀賞漂亮

缺點 不容易清理、購買不方便、容易誤食

躲避處設置

　　這個主題相信許多人都有所疑問，並且對躲避處存在著不同的看法。先說說九桃個人的飼養習慣：在室內飼養的，九桃不提供躲避處；但戶外飼養的，一定會給予躲避處。那麼，為什麼室內飼養的陸龜不需要躲避處呢？躲避處主要是為陸龜提供一個感到安全的休息地方，所以在室內飼養就沒有一定的必要性。

　　但是，設置躲避處有哪些好處呢？

　　提供躲避處可增加新到的陸龜安全感，對牠們適應環境上有一定程度的幫助，但依照九桃的經驗，設有躲避處的陸龜，比起沒有設躲避處的陸龜，對人的親近度會比較低。既然已經分享了九桃對於需不需要躲避處的看法，接下來跟大家分享一下如何選擇合適的躲避處。首要考慮的是空間大小，應該要考量陸龜能夠整隻進入並方便轉身。至於材質，建議選擇容易清洗的，避免選用容易吸水且難以清潔的材質。

▌好清洗的躲避處

▌方便陸龜轉身的躲避處

加溫燈具

陸龜是變溫動物，需要靠溫度維持身體機能的運作，當冬季氣溫偏低時，我們必須用各種加溫設備，來滿足陸龜所需的溫度，市場上琳琅滿目的加溫商品中，該怎麼挑選呢？

聚熱燈

如其名所示，將熱度集中在特定的範圍，其餘範圍則幾乎不會受熱。這種燈具的主要目的是模擬白天的太陽，太陽升起的亮光，讓陸龜知道該起床了。而且聚熱燈的溫度，也能讓陸龜的身體機能開始慢慢甦醒過來，覓食也好、消化食物也好，甚至在熱點下曬暖身體。所以通常在使用聚熱燈會搭配定時器，讓聚熱燈在每天固定時段開啟和關閉，以達到模擬日出、日落的效果。

使用聚熱燈上要注意的點以及使用的方式，建議將聚熱燈的熱點，照射在磁磚

■ 照射點溫度會特別高
的聚熱燈

POINT 如果燈罩高度無法調整，改變燈泡的照射角度，也可以調整溫度的高低喔！

或是岩板上，這樣磁磚或岩板會產生熱度，烏龜趴在上面時，有來自上方和下方的熱度。有些人使用牧草或是樹皮屑乾燥的飼養環境，持續照射溫度若沒控制好的話，可能會引發起火等問題，而使用磁磚或岩板可以分散掉這些熱量，較為安全。

該如何控制聚熱燈的溫度，有 2 種的方式：

1. 燈罩有調節能量的裝置，利用這些裝置來控制溫度。

2. 調整燈泡與被照物體的距離，越遠相對溫度就會越低，至於溫度的設定，建議依照燈光照射到的磁磚或岩板的表面溫度來調整。

陶瓷燈

對於剛開始接觸陸龜飼養的朋友來說，陶瓷燈這個名稱相對會感到陌生。

陶瓷燈是一款不會發出亮光的燈泡，其主要功能是透過燈泡本身提供的高溫，來加熱其周邊的空氣，進而達到提高整體環境的氣溫。用陶瓷燈當作控制溫度的主要設備，可持續 24 小時供應熱量，讓溫度保持在理想的溫度範圍。不過，陶瓷燈只能給予熱能，無法提供光線，還是需要搭配可以提供照明功能的燈具。

常見款式的
陶瓷燈

我會建議使用有較大燈罩的燈具，來安裝陶瓷燈，主要有 2 個好處：

1. 可避免我們誤觸到陶瓷燈，其溫度可以超過 200℃～ 300℃以上，有燈罩可以提供一層保護，防止燙傷。

2. 有助於更有效地保持所需的溫度。燈罩可以幫助熱量更均勻地分布在整個空間中。

全光譜

全光譜燈是多數飼主們最愛用的加熱燈泡，不僅能提供熱度和亮度，它還能提供陸龜所需的 UVB、UVA 等光譜，是一款多功能且綜合性強的燈泡。其使用特性與聚熱燈相似，主要仿原生自然的太陽光。如果需要長時間的溫度恆定，會建議與陶瓷燈一同使用。在設定溫度時必須特別小心，溫度過高或過低都可能對陸龜來說不太好喔！

全光譜燈

UVB 燈泡

　　UVB 燈泡主要是作爲照明工具，並不提供熱度，是一款單純的照明工具，很多人說這是「補鈣燈」。在冬天使用 UVB 燈泡時，要搭配其他的加溫設備。購買 UVB 燈具時，重要的是選擇具有效 UVB 輸出的品牌和型號。一般來說，高質量的 UVB 燈具會明確標示其 UVB 輸出值，如 5.0（適用於雨林型環境）或 10.0（適用於沙漠型環境）。具體的數值選擇應基於所飼養物種的具體需求。

UVB 燈泡

POINT

不管使用任何哪種燈具，讓陸龜曬太陽是不可少的，畢竟太陽光才是真正牠們需要的。

燈泡瓦數的判斷

許多人不知該如何選擇燈泡瓦數，經常問九桃：「我要買多少瓦的燈泡呀？」這個問題沒有一定的答案，因為選擇燈泡瓦數需要加入其他的考量因素才能判斷。首先，瓦數直接決定了燈泡能提供的熱能，這個熱能會受到燈泡與烏龜的距離影響：距離越遠，熱量減少；距離越近，熱量增加。根據這些考量，你還需了解所飼養的陸龜所需的溫度，從而選擇合適的瓦數。

以蘇卡達象龜舉例，在保證通風的狀況下，生活環境中的熱點溫度應該保持在 35℃ 上下，空氣溫度應該保持在 25 ～ 30℃ 之間（有冷熱區跟較高溫的熱點，供牠們自行去做體溫的調節），所以假設飼養環境中有 2 顆的燈泡，1 顆是聚熱燈，另 1 顆是無光加熱燈，此時，你就可以去測量環境中的蘇卡達象龜，在聚熱燈的正下方待上一陣子後的背上溫度，是否接近約 35℃，以及使用溫度計測量無光加熱燈下的氣溫，是否大約在 25 ～ 30℃ 之間。

以上，我提供選擇燈泡瓦數的建議，但最實際且精確的方法還是開燈後，直接測量烏龜背部的溫度，這樣才能確定選擇的燈泡，有真正滿足到烏龜的需求哦！

如何安全過冬？

　　陸龜的過冬是大家最頭痛的問題，畢竟溫度對爬蟲類的生理影響非常大。陸龜過冬的方式有非常多種，大致可以分成恆溫過冬、定點加溫過冬、不加溫過冬，接下來，會跟大家詳細介紹這 3 種的具體方式。

恆溫過冬

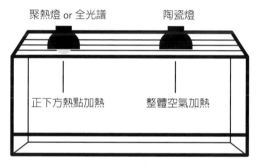

聚熱燈 or 全光譜　　　　　陶瓷燈

正下方熱點加熱　　　整體空氣加熱

▌ 恆溫過冬加溫燈設置概念圖

　　恆溫過冬就是幫我們的陸龜，提供一個穩定的溫暖環境。

　　這個加溫方式需要用到 1 個以上的燈具，通常會使用 1 個陶瓷燈做為 24 小時空氣的加溫，再配合 1 個全光譜或是聚熱燈，用於早上時段的熱點提供。透過設定冷熱區和氣溫提高區，整體環境得以保持在一個恆定的溫度範圍。這種過冬方式的優點，是為陸龜提供了一個相對安全的環境，避免了極端的溫差，從而減少了陸龜感冒的風險。

　　這種加溫方式適合於任何物種，若不打算讓陸龜進行繁殖前的冬眠、新手（尤其是剛飼養不到 1、2 年的）、幼龜的飼主，使用恆溫過冬是一種較為安全且推薦的方式。

定點加溫過冬

九桃的陽台放養全攻略 ▶

定點加溫過冬是九桃目前使用最多的。上方影片中，大家可以看到我在陽台設立的戶外飼養區。這裡為陸龜提供了一片活動空間，其中包括 1 個躲避處和 1 個露天區域。這種過冬方式就是在躲避處內做整體的加溫，這樣陸龜能根據自己的需求選擇合適的溫度。牠們可以在遮蔽處避寒，或在其中消化食物，同時也能到露天處曬太陽或覓食。

這種方式一定會有人覺得「這樣內外溫差會很大耶！」這樣不是很危險嗎？

「對的！這種方式過冬，內外的溫差會非常大！」所以不適合新飼養的物種或是剛接觸爬蟲的新手。這種飼養方式確實帶有些許的風險，不過在九桃自己的觀察下（沒有科學依據，九桃自己的觀察），這樣飼養方式的陸龜會比長期恆溫飼養的陸龜，更為強壯，對溫度忍受度會更高，所以這種過冬方式建議有一定體型的陸龜，且有一定經驗的飼主喔！

有熱點的夜間加溫燈

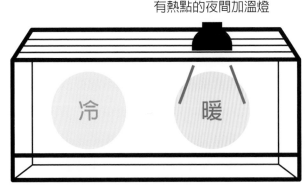

▎定點加溫過冬加溫燈設置概念圖

九桃的戶外
飼養區

不加溫過冬

　　不加溫過冬九桃有在做，不過只有使用在特定物種，像是九桃家的四趾陸龜，這種加溫方式顧名思義就是完全不做任何過冬措施，不過不做任何過冬方式的飼養環境，是建立在某些前提之上。

　　這前提包括：你設置的環境，要有辦法讓陸龜自行找地方躲避寒風，或是過於寒冷可自行調節溫度，這是一個高風險的過冬方式，但對某些物種來說，有助於牠們更好的生長和繁殖。

　　以九桃家的四趾陸龜為例，我布置一個可移動的飼養空間，並在其中設置避風、避雨的地方。平常我不會特別介入牠們，但我會定期檢查陸龜的狀態。當遇到特別冷的寒流，我會把整個飼養環境移到室內，以確保安全。所以這種方式不適合一般飼養陸龜的飼主，尤其不推薦給飼養小烏龜或是新手飼主。

飲水區設置

　　水分的攝取對陸龜來說非常重要，牠們雖是陸生動物，但不代表不需要水分。那麼在飼養環境中，需要設置飲水區嗎？如何設置呢？

　　在我的室內陸龜飼養區裡，通常不會設置飲水區，是因為幫陸龜泡澡是飼養環節中一項重要的活動，我會在後面的章節進一步介紹這個，所以能讓陸龜有好好泡澡，其實是不需要特別設置飲水區的，但對在戶外飼養的陸龜，飲水區就非常重要了。

　　「那在室內飼養區內設置飲水區，不好嗎？」

　　實際上，這取決於飼主的觀察和布置能力。我個人不傾向於在室內飼養區設置飲水區，因為這可能會帶來危險。年幼的陸龜通常都很活躍，到處爬行，這時牠們可能會爬到缸壁而從高處摔下。如果牠們不幸落入水盆，我們若沒有及時發現，牠們可很能翻不過來，時間一長就沒力氣把頭抬起來，而導致嗆到甚至溺死。所以設置飲水區時，要注意位置和環境的平整度。

POINT　陸龜飼養區不管設置哪些設施，都要盡量保持平整，以降低陸龜翻倒的風險。

冷熱區概念

　　冷熱區設置的目的是讓陸龜在由飼主規劃的生活空間中，根據自身的需求選擇合適的溫度。

　　一定很多人會認為「不是設置好溫度就好了嗎？」、「幹嘛需要一邊冷一邊熱，用熱恆溫就好啦！」之類的想法……。

　　我們必須明白，陸龜沒辦法自由離開人工所設置的環境，而且陸龜是變溫動物，需要外界的溫度來調整身體機能或因應特定的身體狀況。在野外太熱，牠們會去找樹蔭或挖洞穴等來調節身體溫度。但在人工環境飼養中，我們難以重現完整的仿原生自然環境。所以需要設立冷熱區，讓牠們根據自己身體的需求選擇合適的溫度環境，恆溫的環境的確可以有效降低烏龜感冒等狀況發生。

　　還有，有些狀況是不可預期的，假設今天控溫器故障，加溫燈一直往上加熱，如果設置環境中沒有設置冷熱區，烏龜就沒有地方可以躲，時間一長可能遭受傷害。或是當烏龜有點感冒了，需要較高的溫度時，如果一直維持在平時生活的溫度，那麼牠們將無法找到所需的熱源。

　　分享了冷熱區的重要性，以及為何需要設置冷熱區，接下來為各位分享如何設計製造冷熱區的溫度階梯。

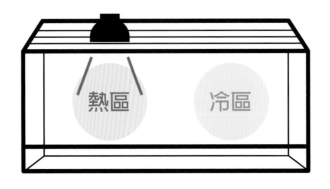

熱區　　冷區

　　如上方圖示，我將環境分成 2 個區塊，第 1 個區域爲冷區，是室溫的區域；另外 1 個區域爲熱區，是依據選擇的燈具進行適當調整。這些圖示只是一個概念，實際的溫度狀況會受到許多因素的影響，所以還是需要大家根據實際狀況來進行觀察和調整，找出最適合飼養物種的溫度梯度。

POINT　當討論到如何設置冷熱區時，通常重點都放在冬天。那夏天呢？實際上，夏季要成功打造出冷熱區是不容易的。所以夏季飼養的重點，應該要特別注重環境有良好的通風，以避免悶熱的狀況產生。

室內飼養的重點

前面分享不少有關於設置環境上的知識與建議，相信你們對於陸龜的飼養環境有些概念了，接下來，跟大家分享飼養在室內應注意的重點。

養在冷氣房需要注意！

許多人可能會在自己的房間或開冷氣的空間中飼養陸龜。這時要特別注意的就是「溫差」，突然太大的溫度變化，很容易讓烏龜感冒。還有就是「風」，讓風一直吹著陸龜，牠們是無法適應的。所以，如果在冷氣房內飼養，這2項都是不容忽視的重點。

首先，不要把陸龜放在冷氣以及有電風扇等會吹到的地方，再來是，應努力為牠們創立一個在開啟或關閉冷氣時，室內溫度可維持在相對穩定範圍裡的環境。雖然設置加溫燈是一種方法，但在使用時必須格外留心。若在開冷氣時同時開啟加溫燈，可以減少溫差，一旦關閉冷氣，也應該立即關掉加溫燈。夏天的高溫若再加上加溫燈，對陸龜來說非常危險。

還有就是「濕度的問題」需要注意，冷氣機本身的運作會使室內濕度降低，加溫燈也會產生相同效果。如果不適時補充水分，陸龜體內的水分可能會迅速流失，對牠的健康構成威脅。

夏天飼養區需要注意！

通風是不可忽視的重要事項，前面的重點提醒，已經和大家分享過夏季飼養時通風的重要性。長期的悶熱，會造成陸龜的熱衰竭或是脫水等問題，我們非得重視不可。當室內溫度已足夠時，可以將加溫燈換成沒有熱度的照明燈。最好在飼養箱上加上風扇等方式，以增強缸子的通風性，避免飼養箱裡過於悶熱。

要注意老鼠！

不只是老鼠，我們都應對所有有潛在危害陸龜的生物保持警惕，在設置飼養環境時，應該著重如何有效地保護陸龜。對於使用控溫箱或爬蟲缸進行飼養的朋友，這種問題可能不太會發生。但對於選擇半開放式飼養箱的朋友，則需要格外小心。

這正是展現 DIY 實力的時刻，考慮添加鐵網是個不錯的選擇。如果主要是防止老鼠進入，鐵網的孔洞需要非常小；若主要防貓咪等較大型動物，則應選擇較厚實且堅固的鐵網。

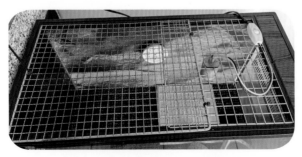

▌小孔洞可防止老鼠進入的鐵網

室內飼養的實用工具

　　室內飼養常用的飼養容器，多半不好整個清洗，這時需要一些小工具來輔助，以下來跟大家分享幾個好用的小工具。

迷你掃具

　　第 1 個推薦的是迷你掃具，這工具在清理飼養容器時非常方便好用，它可以把大顆粒的髒東西先掃掉，接著再用抹布進行擦洗，再用酒精進行消毒。等待容器乾了之後，再鋪上報紙、底材，這樣一來，就完成打掃了。

測溫槍

第 2 個推薦的小工具是測溫槍，這工具對於觀察環境溫度非常方便，可以直接確定飼養區內的各處溫度，還能測量烏龜身上的溫度。這樣可以即時調整溫度調整，可說是非常重要的小工具。

小盆子和牙刷

第 3 個必備工具是小盆子和牙刷，這組工具主要是用來幫助陸龜洗澡和泡澡。如果是小烏龜，建議使用軟毛的牙刷，等陸龜漸漸長大後再改用較硬的牙刷。如果遇到附著的汙垢難以清除，可以先讓烏龜在水中浸泡一段時間，待汙垢軟化後再使用牙刷刷洗，這樣更加有效及省力哦！

Chapter
3
室外環境設置

攝影：tagme

環境安全評估

比起室內飼養陸龜，戶外飼養需注意的事情更多，這是因為在戶外不確定的因素較多，尤其是環境的安全部分，環境安全可為 2 大類：一是來自其他動物的威脅，二是天氣的威脅。接下來，我將分別分享這 2 大類的相關知識與建議。

動物威脅

陸龜在自然界的演化上，是已發展出自我防禦的動物，即使如此，在戶外飼養時，仍然會面臨多種掠食動物的威脅。例如：飼養在都市地區，最常見到的掠食動物不外乎是貓、狗或老鼠。如果是體型較小的陸龜，需要特別注意的是鳥類，大型陸龜比較不會被都市區的鳥類所攻擊，但小陸龜則有可能被鳥類叼走的危險。而在山區或郊外地區飼養的陸龜，除了先前提到的那些動物外，還需提防蛇類或猛禽等野生動物，所以我們必須審慎布置環境，以確保牠們的安全。

針對動物威脅，最直接的解決方法是設置整體結構堅固，且擁有上蓋的飼養環境。建議上蓋採用網狀不鏽鋼材質，不僅擁有透氣性，還具有耐水和抗腐蝕的特點。至於上蓋的厚度、堅固程度及是否需要有上鎖的功能，可依照每個人的需求來決定。若你所處的地方經常有野貓出沒，那就必須用堅固並且可以上鎖的上蓋，以避免貓咪打開飼養區的上蓋攻擊陸龜。

▌戶外飼養烏龜用的堅固上蓋

天氣威脅

與動物威脅相比，天氣威脅的不確定性更高，且涵蓋的範圍非常多。不單只是在講天氣溫度的變化，而是在討論極端的氣候變化。

以颱風為例，當颱風來襲時，必須將陸龜移到室內，但如果你的是大型陸龜，而室內環境無法容納牠們，那麼陸龜必須在戶外度過颱風天。在這樣的狀況下，如何固定躲避處、飼養容器、水盆及其他設施，陸龜該如何安全在戶外度過，這些都是我們在一開始布置室外飼養區時該注意的。

飼養環境溫度觀察

　　如果選擇在戶外布置陸龜的生活區，那就代表牠們會面臨比室內更大的溫度起伏。所以在布置戶外飼養區之前，應該花上一段時間仔細觀察當地的溫度變化。

　　透過詳細的觀察紀錄，才能有效設置適合陸龜的生活環境。最好的方式是觀察夏天以及冬天的氣溫變化，大約最冷是到幾度，最熱是到幾度，再依照飼養的物種設置相對應的設施。例如：冬天需要加上幾顆多大瓦數和哪種類型的燈泡；在高溫的夏天，如何設置透氣通風躲避處，或是多設置幾個遮陰處，以讓陸龜可以根據氣溫的變化調整自身的溫度。當然，完善的配置無法一次到位，我們需要多觀察、多用點心，再慢慢改善調整了。

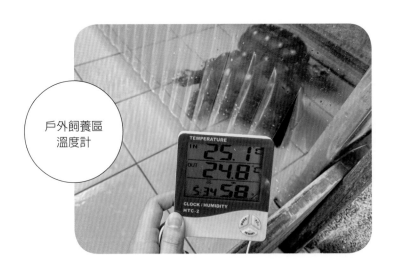

戶外飼養區
溫度計

日照觀察

在戶外飼養陸龜，照明以及大部分的溫度都仰賴太陽，不過因每位飼主住宅的方位和居住地理環境的差異，所接收到的日照可能有所不同。在此，我們需要深入觀察和評估陸龜的飼養環境：

- 該地的日照程度如何？
- 是否會有長時間照不到太陽的區域？
- 是否有某些區域長時間被直曬？

一旦我們詳細了解到上述的問題，便可以針對性地進行布置或改善。像是太陽長期直曬的區域，應設置遮陰處以避免陸龜中暑；長年未受到太陽曬到的區域，冬天時需要加盞燈，以保持適當的溫度。這些調整都需要我們進行長時間的觀察和具體的改善行動。

多加設置出不同方位的遮陰處

底材布置

　　室外的底材布置是必須的，尤其是在光滑的底板上，若地板是土區或是粗糙的水泥地，只要確定有良好的排水功能情況下，可以不使用底材。事實上，室內使用的底材，在戶外也都完全適用。

　　但選擇戶外的底材需注意的重點與室內有所不同。除了讓陸龜走路舒適，和防止其腹部長時間浸泡在尿液和糞便中這兩大功能外，還有一個很重要的功能：排水。戶外飼養區容易淋到雨，所以在大雨時，底材是否能有效地協助排水成為重要關鍵。

　　陸龜的大便、未吃完的飼料、甚至落葉都會造成排水孔堵塞，導致飼養區出現淹水情況，這對陸龜來說是非常危險的，一旦水位過高，牠們將無處可逃。所以我們應該依照陸龜的大小，選擇較大孔洞的底材。若飼養的位置不是在地面，而是在戶外的容器中，更應該細心用與底材相配合的排水設置，以防止容器內積水。

戶外排水良好
的腳踏墊

躲避處設置

　　戶外飼養區的躲避處是絕對必要的。如果戶外飼養區只是爲了讓陸龜在夏天暫時度過，冬天就會將牠們移到室內，那麼你只需提供一個遮陰且通風良好的躲避處。

　　對於要在戶外全年飼養的陸龜，躲避處內還是應設置燈具，我們必須設置一個冬暖夏涼、通風保暖兼顧的躲避處，材質上，最好選擇木頭，因爲它具有天然的溫度調節能力。但使用木頭時，必須留意其防水功能。此外，安裝燈具時，應特別注意電線與熱源的位置，以確保用電的安全。

　　非常多人選擇使用角鋼或是鐵桌，並不是說不可行，但在保溫效果上不如木頭製作的躲避處。能使用的材料選擇很多，沒有說哪種一定是最好的，這完全取決於每位飼主所處的環境和陸龜種類。但不管你選擇哪種材質，一律都要在躲避處的入口處加上透明桌墊，作爲門簾，這樣可以有效的阻擋強風以及雨水喔！

▮ 木頭躲避處

▮ 有裝上門簾的鐵製躲避處

大家已知躲避處的重要性，接下來，簡單介紹如何自製基礎版的躲避處，以及推薦一些市面上可購買的產品，來快速打造陸龜的遮蔽空間。

DIY 躲避處需要一定的技術程度，在這裡特別提醒大家，安全永遠是最重要的。九桃不是專業木工，所以只能跟大家分享自己的製作經驗，若你覺得沒有能力自製，就請參考下一頁的文章，了解如何快速布置躲避處。

通常自製躲避處，許多人會以木頭為第一優先考量，相較於塑料和鐵板，木頭的保溫性質和散熱性都比較好，不過不是所有的木頭能夠長期承受潮濕等環境，所以要對木頭和木板進行表面處理，如塗上透明防護漆。

再來是，使用木頭來釘製框架，或是也可以參考第 83 頁小蘇大木屋的設計，採用鐵製結構來搭建框架。完成框架後，將木板釘在上方和兩側。請注意，木板之間的距離不要釘得太緊密，才能保持良好的通風效果。

我的作法是在上方留對流孔，然後在躲避處的中上方，預留掛燈具的橫桿，最後，使用薄的透明桌墊，裁剪後作為門簾並固定到框架上，這樣一個簡潔且實用的躲避處就完成了。

▌製作中的躲避處

雖然大多數人不會選擇自製躲避處，但有時候自行動手可以省下一些錢。請木工或專家訂製是安全且效率高的方式，但費用較高。如果你想少花點錢，以下的建議可幫助你自行設計躲避處：

1. 找現成的木製桌子進行一些簡單的改裝，這樣很快就可以做出躲避處。

2. 可以參考下圖九桃家小蘇大木屋的設計，購買角鋼或鐵桌稍作加工修改一下即可。但在選擇鐵件和木件時，最好還是依自己的需求去判斷和挑選。

希望這些建議能為你提供一些靈感，讓你能為陸龜打造出一個舒適且獨特的戶外空間。

▍右圖：要預留掛燈具的橫桿
▍下圖：躲避處的對流孔（內側）
▍右下：躲避處的對流孔（外側）

飲水區設置

　　為戶外飼養的陸龜設置飲水區是極為重要且不可或缺的。相較於室內，戶外的變數更多，因此在設置飲水區時，要盡可能讓牠們 24 小時想喝水就有水喝，並且是乾淨的水。

　　然而，在選擇適當的水盆，有 2 個矛盾的點：

1. 水盆的尺寸應該能讓陸龜整隻完全浸泡進去，水盆除了供牠們飲用水，也能讓牠們在需要時可自行泡澡。

2. 水盆的高度不應太高，在水盆周邊或是水盆與其他區域之間，若有明顯的高低差異是相當危險的。當陸龜不小心翻到水盆內，長時間翻不回來，有可能因沒有力氣抬頭而溺死。

　　至於為什麼會說矛盾呢？當陸爬龜進去泡水盆時，水盆的水會溢出盆外而瞬間減少，由於盆的高度不高，水很快就沒了。所以在戶外飼養陸龜，我們需頻繁替牠們更換飲用水，才能保持足夠水量及喝到乾淨的水。

戶外陸龜水盆

室外飼養的重點

小蘇的戶外
生活區

　　在前幾個章節，已為大家分享許多飼養陸龜所需注意的細節。現在，再次統整一下這些重點：在戶外飼養陸龜的環境設置上，需要注意的就是牠們的安全，一切可能造成牠們危險的因素都必須避開。

　　再來也是最重要的重點，我們必須持續不斷地觀察，尤其是在新環境初設立時，盡早發現有可能造成危險的因素，或是設置不夠完善的地方，以減少牠們在戶外受到傷害。此外，陸龜所需的溫度及水源，更是不可出錯，當基本條件都設置好，我們就可以進一步慢慢優化環境，使其更適合陸龜生活。

室外飼養的實用工具

　　當我們在戶外飼養陸龜，通常有較大的空間可以利用，因此選擇合適的工具變得重要。若飼養地點是草地或土地上，那麼維護的工作會大大減少。但如果是在家中的陽台等地方飼養，刷地就是每週必做的功課了。

　　清潔工具建議選用「長柄刷」，可以縮短我們彎腰刷地的時間，若有水管就直接使用，若沒有則可選用「噴水器」來濕潤環境，再把陸龜們的大便或是飼料殘渣弄濕後，刷洗會比較簡單許多，不然乾乾的，非常難刷乾淨。幫陸龜洗澡的「刷子」，可以選擇小型、較軟質的。

■ 長柄刷

■ 噴水器

■ 小刷子

　　講完打掃，「測溫槍」絕對是不可缺的工具。戶外的溫度變化大，有了測溫槍，我們可以即時掌握飼養區熱點的實際溫度，以及躲避處和外部環境的溫差。最後，「溫度計」也是十分重要的，它可以幫助我們監測飼養區的空氣溫度。

■ 戶外測溫

Chapter
4
如何挑選健康
的陸龜

攝影：tagme

如何挑選陸龜

1. 鎖定物種

在選擇烏龜時，確定你想飼養的物種絕對是最重要的一步。首先，你需要明確了解自己喜歡的陸龜外型、可以接受的體型大小以及預算範圍。綜合這些考量，就可以確定想要飼養的特定物種，然後前往專賣店或寵物市場進行挑選。

2. 耐心觀察

挑選陸龜的重要的技巧就是「觀察」。當看到已鎖定的物種時，靜下心默默仔細觀察每一隻烏龜的細節。切記，不要趕著做決定，因為，挑選一隻健康的烏龜遠比擁有高超的飼養技巧還要重要。接下來，我將分享觀察陸龜有哪些重點。

靜靜觀察陸龜

活動力　先觀察從小屋出來覓食的陸龜

　　陸龜的活動力反映了牠在特定飼養環境下的整體活力。小陸龜的生活內容只有吃、拉、尋找食物、睡覺這幾件事要做，尤其是很長的時間都是在睡覺。

　　所以挑選陸龜時，若看到許多小陸龜正在睡覺，並不代表牠們不健康，有可能只是牠們剛吃飽自然地選擇睡覺。我們往往會被那些看起來有活力、好動或是剛好正在進食的陸龜所吸引，如果牠的顏值外觀剛好是你喜愛的，那就可以鎖定牠，並進一步觀察。經常看到一些小陸龜在缸中積極地四處走動、爬來爬去，甚至有時會翻倒在地，這些現象往往表示這些陸龜活力旺盛，且可能具有較強的好奇心和膽量。

■ 活動力超好到處
　走來走去的小蘇 ☺

■ 看到人趕快跑過來的紅腿家族

食慾 是否看到食物就會過來吃？吃的份量多嗎？

「吃東西（食慾）」是我們挑陸龜時必須特別留意的重點。當陸龜身體有點不適，即使只是眼睛稍微有點不舒服，牠們往往會選擇停止進食。所以當你看到牠們在吃東西，或者在四處走走搜尋食物，通常表示牠們食慾不錯，願意進食。

但是陸龜對食物的食慾反應都有所不同，通常陸龜熟悉環境後，看到食物通常會立刻靠近並開始進食。若食慾稍微較低或是有挑食習性的陸龜，牠們會用鼻子一直聞、一直去頂食物。我們可以透過這些小動作，知道牠們的身體狀況以及食慾的好壞，也可以順便觀察牠們是不是挑食者，還是來者不拒的吃貨。

▌大口狂吃飼料的紅腿

▌吃葉菜的健康歐洲陸龜

排泄　大便反映陸龜近期的身體狀況

　　動物的大便往往能表現出這隻動物目前的腸胃道狀態，所以在挑選健康的陸龜時，觀察牠的排泄是非常重要的，只是觀察排泄比觀察進食還要困難，就只能盡力而為了。

　　首先，要觀察的是大便是否成形？濕度良好呈現一條狀態不容易散的是最好的大便，也就是健康的陸龜。至於大便的顏色，受影響的因素則較多，多數與飲食有關，牠若偏愛吃某種顏色的飼料，那大便通常呈現的是那個飼料的顏色。

　　如果發現陸龜的大便過於稀釋、無法成形，得考慮看看是否要換觀察別隻。畢竟我們沒辦法知道牠現在的排便不正常是長期的，還是只是暫時的，建議不要挑選排便狀態不佳的陸龜帶回家飼養。

成形的大便

▌有成形，但稍微有點濕
　的大便

眼神　觀察眼神是判斷陸龜當前健康狀態最簡單的方法

　　判斷動物的眼神似乎是一種抽象的方式，但卻非常具有參考價值。一隻健康陸龜的眼神應該是充滿「精神」及「光亮」的特質。當你看著牠時，會感受到牠炯炯有神地在看著你或是食物，表示是隻正常的健康陸龜。而不健康的陸龜，牠的眼神會透露出「懶懶」或是「渙散」的感覺，若是長時間「緊閉不開」也是不正常的表現。

　　陸龜在野外環境中需要保持高度的警覺性。所以，當周遭有較大的聲響時，健康的陸龜應該會有所反應，例如：被驚嚇到做出反射性跳動，或是打開眼睛看看發生什麼事。然而，這並不表示爲了測試，我們就可以去嚇嚇牠們，這麼做是不對的。

炯炯有神
的眼神

從殼也能看出陸龜的身體狀況

前面分享的是內在健康的觀察重點，接下來分享外在部分的觀察重點。陸龜除了手腳外，最引人注目的部分無疑是牠那堅硬的殼，我將其區分為背部的甲殼（稱為背甲）和腹部的甲殼（稱為腹甲）。

觀察陸龜時，牠的背甲是我們首先會注意到的部分。健康的背甲應該呈現「光滑」的質感，且不應有「不正常的孔洞」。陸龜的殼比較容易遇到的問題就是，在飼養不佳的環境或是有感染的情況下，甲殼容易出現腐爛或是蛀孔的狀況。還有就是要留意是否「錯甲」，雖然錯甲不會直接影響陸龜的健康，且不是每個人都在乎這一點，但提前確認狀況，可以幫助我們避免後期購買時可能出現的糾紛。

什麼是「錯甲」？錯甲是指陸龜的盾甲排列或數量與正常狀態出現差異。每隻陸龜都應該有特定的、正常的盾甲排列和數量（詳情可以參考第24、25頁的陸龜甲殼分布圖）。如果陸龜的盾甲數量偏多或偏少，我們稱之為「多盾」或「少盾」。而若盾甲的排列順序出現錯誤，我們就稱其為「錯甲」。

▌漂亮的四趾陸龜外殼

▌潰爛的腹甲

觀察四肢是否有受傷的痕跡

　　陸龜的外貌特點除了其堅硬的殼和頭部外，最明顯的就是四肢。通常發生在四肢常見的問題是，趾甲受傷或是斷趾長不出來。再來，就是檢查四肢是否有明顯的外傷或是紅腫，建議確定沒有以上這些問題之後，再購買這隻陸龜。

　　補充一下關於斷趾的部分，烏龜的趾甲容易因為互咬或是折到等問題造成趾甲斷掉，值得注意的是，烏龜趾甲斷掉有時會再生，有時則不會。如何判斷呢？我們需要細心觀察斷趾處。如果斷掉的趾甲部位還留有一小部分在手上，那麼這隻趾甲很有可能會再生。但如果趾甲應有的位置完全空空的，甚至有一個洞，那麼這隻趾甲應該也長不回來了。

正常的趾甲

如何購買陸龜

　　陸龜的購買管道主要分成網路和實體店面，在分享之前，九桃先講一個概念：一隻陸龜的健康好壞取決於先天身體狀態、後天店家的照顧、運送過程風險以及最後購買回去之後的照顧，這些因素決定了我們所購買的陸龜是否健康。

　　因此，無論是從網路購買還是實體店面購買，沒有絕對的好壞之分。即使是口碑極佳的賣家，也無法保證所賣的每一隻陸龜都完美健康，因為還有其他不可控的外部因素會影響到陸龜的健康。每種購買方式都有其優缺點，需要消費者根據自己的情況和需求做出判斷。

從網路購買

　　網路販售活體並不是所有的平台都是合法的，請購買前特別留意。

優點　價格有優勢，通常價格較實體店面還優惠。選擇多元，社群平台集結多家賣家，方便比價及選購想要的物種。

缺點　沒辦法親眼看到陸龜的狀態是否 OK，僅可依照片或影片判斷動物狀態，風險較大。再來就是網購的運送過程中多了一個很大的風險。

建議 1. 要求餵食影片：
向賣家索取陸龜的餵食影片。這不能完全保證陸龜的健康狀態，但有助於降低購買風險。

2. 錄影開箱：
一收到陸龜時，完整記錄開箱過程，作為購買證據，保障權益。

3. 適時讓陸龜放鬆：
長時間的運送可能使陸龜感到緊張，建議初到新環境時先讓牠泡澡，有助於放鬆，同時也能補充在運輸過程中所失去的水分。

4. 初期餵食注意：
不建議立刻餵食。但如果要選擇餵食，食物量不要太多，避免由於壓力導致腸胃問題。

所以，選擇網路購買前，需充分考慮其利弊。希望這些建議能幫助大家做出明智的決定！

從店面購買

到實體店面購買陸龜，通常被認為是較為安全的選擇。然而，如同前述，要找到健康的陸龜，投資時間進行仔細觀察是有必要的。

優點 在店面，我們可以直接審視陸龜的健康狀況，從牠們的外觀到花紋顏色，這有助於初步評估其健康程度，確定找到了就可以直接帶走，也就是少了長時間運送的風險。

缺點 價格通常會比網路上高一點，畢竟開店是需要很多的成本開銷，所以價格會比較高是理所當然的。

選擇哪種購買方式取決於個人的考量，但不論哪種方式，做足功課與觀察都是關鍵。

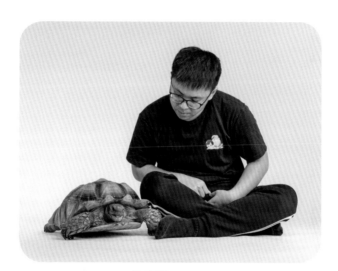

▋ 攝影：tagme

九桃的建議

雖然在實體店面選購陸龜被視為一種較為安全的方式，九桃仍有幾點建議提供大家參考。首先，當你確定某隻陸龜後，建議請店家示範餵食，至少確認龜龜能夠正常進食。再來是，既然已到店裡面，不妨多花點時間觀察，以避免因衝動而選擇了健康狀況不佳的陸龜。

陸龜飲食大有學問

攝影：tagme

陸龜的食物有哪些？

　　野生陸龜的食物大多受所處的生活環境影響。雖然陸龜種類非常多，其生活環境的分布相當廣泛，但各種生態環境間存在著顯著的差異。由於陸龜食物中大量包括花、草和葉子等植物，很多人因此誤認為陸龜是以素食為主的動物。

有分吃素和吃葷嗎？

　　如前面所提到，陸龜的食物偏好因其所在的生活環境而異。基於這一特性，陸龜中自然有些是雜食性的。從很多的報導和網路文獻中，可發現非常多種的陸龜其實是雜食性的，就算是一直被人們認為是草食性的陸龜，也曾被發現過會吃植物以外的食物，那麼背後的原因是什麼呢？

　　野生的陸龜往往是有一餐沒一餐的，有得吃就吃的狀態，這種飲食習性在野生環境中相當正常。但人工飼養與野生就不一樣了，人工飼養的陸龜可以獲得穩定的食物供應，如果我們過度供應，特別是動物性蛋白，可能會增加牠們腸胃等器官的負擔。

分辨的方法是：陸龜依其生活環境可大致分爲 3 類──雨林棲息、沙漠棲息以及草原棲息的陸龜。雨林中的陸龜，如紅腿象龜，因環境中充斥著各式小蟲和腐肉，天生就具有取食動物性蛋白質的特性。牠們非常愛吃動物性蛋白質，人工飼養時還是建議適量給予就好。

　　相反的，沙漠棲息的陸龜，如蘇卡達象龜和豹紋陸龜，都是草食性，牠們可以在原生環境攝取到一些乾草、仙人掌等食物。而草原棲息的陸龜，像是四趾陸龜，也大多以植物爲主食。

吃麵包蟲
的紅腿象龜

飼料該怎麼挑選？

飼養陸龜除了盡可能提供牠們接近原產地的食材外，提供營養均衡的飼料也是非常重要的，不過陸龜飼料有千百種好難選擇，那就讓九桃來教你如何選購。

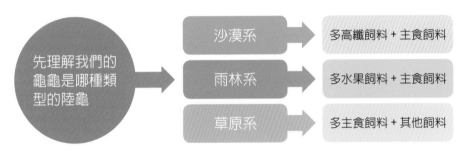

在此不討論飼料品牌，把焦點放在飼料的種類上。先跟大家說一個九桃自己的觀點，或許有人認為，陸龜不吃某款飼料，就代表這款飼料不好吃，那可是錯誤的想法哦！實際上，適口性固然重要，但這不代表這款飼料不好，很多陸龜有挑食的習慣。關於如何改善挑食的問題，將在後續章節解說，那就開始分享如何挑選飼料吧！

我將市面上的陸龜飼料分為以下幾種：主食類型、高纖維類型、水果飼料類型。大部分的陸龜飼料都可以歸入這些類別中。這時需要先了解我們的龜龜是哪種類型的陸龜。

對於沙漠系的陸龜，選擇高纖飼料是十分適當的。高纖飼料能夠提供充足的纖維，滿足陸龜對纖維的需求，這不僅能保持牠們的腸胃健康，還可以減少排便不順暢或是拉稀的狀況發生。

雨林系的陸龜，我建議選擇水果型飼料或專為有動物性蛋白質攝取需求的陸龜製作的飼料做為搭配。其實沙漠系的陸龜也能攝取水果飼料，而雨林系的陸龜也可以吃高纖維飼料。關鍵在於，我們應依照不同陸龜的需求調整飼料的比例。此外，結合不同補充品也是一種方法，至於補充品的具體內容，我將在後面章節分享給各位。

除了先前提到的，根據陸龜的類型來進行食物搭配，在選擇幼龜的飼料時，應優先考慮蛋白質含量稍高的選項。隨著陸龜慢慢長大，蛋白質的需求會逐漸減少，此時應增加纖維質的攝取。實際上，飼料的選擇並沒有絕對正確的答案，飼主需深入了解自家的龜龜，才能找出最適合牠們現階段的飲食狀態。

所以建議大家在一開始飼養時，購買小包裝或試用包的飼料，試試哪種飼料會受到龜龜的喜愛，或是哪種吃了之後讓陸龜狀態更佳。同時，結合多種飼料為陸龜提供多元化的營養也是個好方法喔！

水果飼料

高纖飼料

蔬菜

草粉

▍多種飼料配合使用

可以吃哪些蔬菜呢？

　　蔬菜並非最適合給陸龜吃的最佳食物，因為我們人類平常吃的蔬菜，纖維量較低、水分較高。考量到我們很難持續提供陸龜最理想的食材，所以選擇適合餵食的蔬菜便成為重要的課題。在選擇陸龜食用的蔬菜時，要注意以下4個重點：蔬菜的水分、纖維質、鈣磷比、草酸。

　　「蔬菜的水份量」跟「纖維質含量」較容易判斷。當我們吃某種蔬菜時，若感覺到它特別多汁、容易咬碎且口感脆嫩，如生菜等這類蔬菜往往含有高水分但纖維質較低，因此不太適合給陸龜吃。

　　關於「鈣磷比」和「草酸」的資訊，最好自行上網查詢所選擇餵食的蔬菜的具體數值。因蔬菜種類太多，我會分享如何自行搜尋並判斷哪些蔬菜適合給陸龜吃。可以上網搜尋（蔬菜名稱）鈣磷比，就會出現非常多的內容，通常認為鈣磷比大於2較適合作為陸龜的食物，例如：「油菜」、「芥藍菜」和「青江菜」，這些都是九桃經常用來餵食陸龜的蔬菜。

　　但我想特別提醒大家，不應該因為九桃說這幾種蔬菜適合餵食，就一直單一餵食。前面有提到，蔬菜不是最適合陸龜的食物。因此，無論是更換蔬菜種類、餵食野草，或是均衡搭配飼料和營養品，都非常重要。

大口吃芥藍的
紅腿象龜

大口吃油菜的
四趾陸龜

哪些野草野菜也可以吃？

在日常環境中，有哪些食材較適合陸龜呢？答案是野草和野菜。這些野生植物無論在營養還是纖維含量上，都非常適合陸龜。接下來，我將介紹幾種生活中易取得且適合陸龜食用的野草和野菜。

桑葉

把桑葉放在第一個的原因，是因為桑葉有很多養龜人士，甚至是動物園首選餵食陸龜的一種植物，桑葉不但容易取得，其纖維和水分的比例也非常適合陸龜。但仍建議與飼料一同餵食，以確保營養均衡。

桑葉

車前草

　　車前草對於許多人來說可能較為陌生，但它其實是一種非常常見的植物，在公園的草地上都能看到它的蹤影。車前草不僅容易採集，還具有一定的幫助排酸效果哦！

車前草

扶桑葉

　　扶桑即是我們熟知的朱槿，這植物擁有大大的紅色花朵。不只是葉子適合給陸龜食用，花朵也是牠們愛吃的。在我們的日常生活環境中，扶桑很好找到，可以拔一些花朵給龜龜當零食食用。

扶桑花與葉

▊ 圖片來源：Shutterstock

西洋蒲公英

　　西洋蒲公英是很多養龜人常用來餵食陸龜的選項，其營養價值對陸龜而言相當高。但由於其草酸含量較高，飼主在餵食時應適時更換其他食材，且建議與飼料組合搭配給予陸龜。

西洋蒲公英

▌圖片來源：Shutterstock

翠玲瓏

　　翠玲瓏又名鋪地草，常見於草地和大型盆栽的底部。這種植物生長能力強，深受烏龜喜愛。在九桃的影片中，常常可看到小蘇在偷吃它。

翠玲瓏

九桃特別提醒各位，前面所介紹的幾種野草，在公園或路邊都很容易找到。但在採摘時，有 2 點需要特別注意：

　　第 1 點，你的行為不可給他人帶來困擾，且所摘採的地方是被允許取用的。

　　第 2 點，一定要確認摘採的地方沒有使用過農藥，如除草劑、殺蟲劑等。如果這些藥劑被烏龜吃下，後果相當嚴重！

　　最好的方式是，在情況許可的情況下，自己栽種所需的植物，這樣既安全又放心。

▍攝影：tagme

陸龜的餵食量及頻率

關於餵食量與頻率，是大家最常提出的問題之一。很多人往往不確定到底應該餵給陸龜多少食物。現在就為大家分享到底怎麼去抓這些量呢？

餵食頻率

我想先說明餵食的頻率，再說餵食量。因為餵食頻率直接影響到我們該如何確定餵食量。許多飼主都是每天餵食，有些甚至 1 天餵食 1～3 次。根據我的養龜經驗，請不要這麼做。

各位可以想想看，野生陸龜可能好幾天不見得可以吃到一餐，並且陸龜是慢活的動物，牠們緩慢的行動特性都是為了減少能量消耗。而人工飼養的生活空間不可能比野外大，但卻給了牠們比野外多好幾倍的食物量，這樣往往造成牠們生長過於快速，甚至導致腸胃、腎臟等疾病的發生。

所以九桃建議每 2～3 天餵食 1 次即可，比較小的陸龜，1 週餵食 5～6 天，但是 1 週要斷食 1～2 天，讓其腸胃得到適當的休息。

餵食量

確定陸龜的餵食量其實不難。健康的陸龜通常不會過度食用，基於每 2～3 天餵食 1 次的規律下，我們可以先給一些較多的量，觀察牠是否有吃完，如果沒有吃完，下次再適度減量，調整到剛好或稍微有剩一些的量

為止。考慮到每 2 ～ 3 天只餵食 1 次，我們必須保證每次提供的食物不僅量足，更要營養均衡。

　　至於幼龜的餵食法與成龜有所不同，幼龜基本上是每天都會餵食，所以量不需要很多，給牠們大約 7、8 分飽的量就足夠了。

▊ 多樣化攝取食物的紅腿象龜（左）跟蘇卡達象龜（右）

POINT

餵食量與餵食頻率都與「溫度」有著密切的關係。上述的餵食建議只是基本的參考指引。在實際操作時，我們一定要考慮到氣溫的變動，並相應地做調整。後面再跟各位分享，面對天氣變化時，我們應該如何適當調整餵食量和頻率。

天氣冷就不要餵食嗎？

陸龜是變溫動物，陸龜一切的一切都是跟溫度有關係的，牠們的活力、食慾到消化等都是跟溫度有關係。那麼當氣溫慢慢降低或上升時，應如何調整牠們的進食量和頻率呢？

當氣溫逐漸下降，餵食頻率以及餵食量也都應該跟著慢慢減少，在此期間，你發現陸龜的食慾和食量都有所減少，這是正常的反應。對於沒有提供加溫設施的飼主，當天氣特別寒冷時，完全不餵食是可行的。因為在低於陸龜腸胃的正常運作溫度下，過多的食物會增加腸胃的負擔，可能導致消化系統出現問題。所以根據氣溫調整餵食量是非常重要的，有提供加溫設施的飼主也一樣要注意，請不要過多的餵食。

當氣溫逐漸回升，千萬不要一下子突然增加陸龜的食物量。很多飼主可能看到氣溫上升，陸龜變活潑了，就給很多食物。這樣很容易造成牠們的腸胃突然負荷不了，產生毛病。我們應該要慢慢增加。所以不管是天氣變冷還是變熱，都應謹慎調整餵食量並密切觀察陸龜的狀態，這是相當重要的提醒。

避免給陸龜吃到的食物

　　有哪些食物不建議給陸龜吃呢？任一種陸龜，除了某些絕對不應給予動物的食物之外，「高水分、低纖維、高草酸」的食物都不宜餵食，水果便是此類食物的代表，除了雨林系的陸龜可以少許給予外。這類食物通常又甜又好吃，陸龜很喜歡。但過度攝取可能導致挑食、腸道問題、原蟲爆發等狀況。

　　除了上述的食物外，也不應該餵食不明來源的昆蟲或植物，這些可能帶有寄生蟲，或被化學物質汙染，給陸龜吃可能導致健康問題。在正常的飼養環境下，餵食飼料、蔬菜、野菜及營養品已經足夠。

龜龜的健康助手：營養補充品

　　營養補充品是在飼養陸龜時，除了常規的飼料和葉菜外，用於提供額外營養的添加物。常常會有粉絲朋友問我：「營養補充品是否為必要呢？」其實，營養補充品的概念，就如同人們服用維生素、魚油等保健品一樣。市面上的營養品琳瑯滿目，常常看得頭昏眼花。

　　不論品牌，因為每個品牌都有其獨特的設計和優勢，到底哪一個最適合，其實還需依賴大家的實際使用體驗和心得分享。接下來，我會介紹幾款常見的營養補充品，分享其主要功能以及使用方法。

鈣粉

　　「鈣粉」如其名，主要是爲了幫助陸龜補充鈣質。但這裡我想進一步爲大家補充一些相關知識。很多人可能認爲，在陸龜的食物中加入鈣粉，這樣牠就不會缺鈣，其實不完全正確。陸龜必須受到太陽中的 UVB 光照射，才能有效吸收鈣質。所以當我們爲陸龜補充鈣質時，「充足的日照」是更爲重要的哦！

　　在餵食陸龜的時候，均勻地撒上一些鈣粉在飼料或葉菜上即可，但有 2 個要點需要特別留意：

粉狀營養補充品可均勻撒在葉菜飼料上餵食

1. 鈣粉不要和其他補充品一起使用。
2. 不可與草酸含量過高的食物一起使用，不然會增加結石的機率。

維生素

　　維生素的主要功能是幫助烏龜攝取一些平常不容易攝取到，或是攝取不夠的營養素，其所含的營養成分相當豐富，絕對是一款值得推薦的補品，它幫助我們方便地爲龜龜補充營養。用法上與鈣粉相同，建議不要與多種營養補充品一起使用。

益生菌

益生菌主要是用於促進腸胃道健康的營養補充品。大多數益生菌能夠增強烏龜腸胃中的有益菌群，讓陸龜可以有更好的吸收，以及腸胃不易生病。用法只需均勻地撒在飼料或葉菜上，即可進行餵食。

牧草、草粉

牧草與草粉之所以在此篇文章中被歸類為營養補充品，是因為不是所有陸龜都適合長期大量食用。事實上，只有一定大小的沙漠系陸龜才較適合大量食用。牧草可以幫助陸龜獲得其所需的纖維量。

我們或許會選擇纖維含量較高的蔬菜來餵食陸龜，但這些蔬菜仍然無法滿足陸龜所需的纖維量。特別是大型沙漠系陸龜慢慢長大時，纖維攝取不足的問題會更明顯。所以這時需要搭配草粉和牧草。特別提醒：牧草質地較為堅硬，餵食小陸龜時，建議選用草粉或將牧草剪碎使其較細小後再餵食。

搭配飼料使用的牧草

陸龜挑食怎麼辦？

陸龜開始挑食了，怎麼辦？這是九桃經常收到粉絲朋友詢問的問題。我們要先了解造成陸龜挑食的原因，再來跟大家分享有哪些處理方式。

陸龜挑食的現象，通常可以歸納出以下 3 大原因：

1. 飼主長時間餵食單一食物

這是最常見的陸龜挑食原因，當陸龜長時間吃單一樣食物，久而久之就習慣了，會變成不想嘗試其他食物。

2. 陸龜本身挑食

每隻陸龜各有自己偏愛吃的食物，跟人一樣，有的人很挑食，有的人不挑什麼都吃，這是正常的現象。

3. 曾經吃過更美味的食物

很多人的龜龜有這個問題。如果陸龜習慣於吃一些不該常吃，但美味的食物，例如：某些水果。當牠們面對普通的飼料時，自然就不太願意接受。大致上，這 3 點大多涵蓋了陸龜挑食的主要原因。

了解陸龜挑食的 3 大原因後，接下來分享如何處置這些挑食的陸龜。

有 2 個實用有效的方法可以嘗試。不過在進行食物調整（改料）時，必須仔細觀察陸龜的反應和身體狀況，並依此調整活用。

1. 改料方式──「混合愛吃與不愛吃的食物」

此方法是較爲溫和的調整方式，我們可以將陸龜不愛吃的食物弄得細碎一點，然後和牠們愛吃的食物均勻混合一起。讓牠們進食時難以單獨挑選，從而漸漸習慣這種食物組合。然後再慢慢調整這 2 種食物的比例，直到陸龜對 2 種食物都可以主動進食。

2. 改料方式──「讓陸龜肚子餓」

此方式雖然聽起來很激進，但其實不會哦！多數飼主給陸龜餵食過量，導致牠們始終飽飽的，陸龜當然只會選擇自己喜歡吃的。所以適時的讓牠們肚子餓，在牠們有飢餓感時提供不喜歡的食物，能有效地讓牠們吃下去。正如我之前提醒的，不管採用哪種調整方式，都應持續觀察陸龜的狀態。若牠們堅決不吃，則應暫停；若陸龜健康狀態不佳，絕對不可以進行飲食調整。

■ 混合愛吃與不愛吃的食物

Chapter

6

飼養陸龜的
日常照料

攝影：tagme

每天要花多少時間？

　　飼養陸龜日常所需要花費的時間，比起其他常見寵物算是非常少的，主要的時間集中在「餵食」和「清潔」，清潔工作比餵食需要多一些時間，以飼養在爬蟲缸裡的一隻小陸龜為例，餵食工作可在 10 ～ 20 分鐘內完成。

　　至於清潔工作的時間則取決於所用的環境底材而定，一般在 30 分鐘內可以完成。依我自己的飼養經驗，覺得最好的一點是，陸龜並不需要天天餵食和清潔。在我忙碌工作一整天之後，能夠安心地回家好好休息，不用焦慮地趕回家餵食，或是帶牠出去大便、尿尿，這大大減少了我的日常壓力，也讓照顧陸龜的時間更加有彈性。

「曬太陽」的 6 個關鍵要素

　　幫龜龜曬太陽是飼養陸龜不可或缺的一項工作，陸龜是爬蟲類動物，太陽對牠們的健康和生活機能，如活力、食慾和消化能力等，都有著不可替代的作用，不過卻暗藏許多潛在的風險，接著來跟大家說說幫陸龜曬太陽該注意的重點。

1. 留意是否有被攻擊的危險

　　帶陸龜到戶外曬太陽時，通常會將牠們放在特定容器中，此時，提高警覺以防止其他動物的攻擊。許多如貓咪、大型鳥類或小狗可能因好奇心或其他原因會攻擊陸龜。所以使用帶有網狀蓋的曬太陽容器為陸龜曬太陽，會更安全。

▌有蓋子的曬太陽容器

2. 一定要有遮蔭

　　「爲什麼曬太陽還需要提供遮蔭？」或許有人會疑惑，明明是帶陸龜出去曬太陽，爲何還要有遮蔭的地方？

　　陸龜是變溫動物，跟我們人類是恆溫動物是不同的。太陽對陸龜來說是必需的，當我們限制了牠們曬太陽的有限空

▌保留一半的遮蔭空間

間，就必須給予牠們可以選擇溫度的自主權。不然，太熱的環境會導致各種健康問題。建議提供的遮蔭區域應佔整體曬太陽空間的一半，至少空間足夠陸龜整體藏身。這樣在天氣很熱時，陸龜至少可以選擇躲到陰涼處，不至於馬上就過熱。

▌遮蔭處以及光亮處陸龜都要可以整隻躲進去

3. 一邊泡澡一邊曬太陽？

　　很多人的龜龜喜愛一邊泡澡一邊曬太陽，九桃偶爾也會這麼做。不過這種方式有其優、缺點，我們應在適當的情境下選擇是否同時泡澡和曬太陽。

　　這個方法只建議用在夏天。在炎熱的夏天，這種曬太陽方式可以避免陸龜太熱脫水，且牠們可以在需要時及時補充水分。要小心的是如果牠們泡澡時太過活躍，不小心翻倒了會帶來危險。

　　在較涼的天氣中就不適合用這種方式了，因爲陸龜身體濕濕的，若再加上吹到風會很容易引發感冒，還是要以曬太陽現場的狀況去做判斷喔！

▍一邊曬太陽一邊泡澡

4. 曬太陽需要曬多久？

「陸龜需要曬太陽多久？」這是許多人經常提問的問題。這個問題實在難以非常準確回答多久，可以曬多久取決於太多的原因，一般建議，陸龜的曬太陽時間應該在 10 ～ 30 分鐘之間。但具體的時間還需根據實際情況來判斷。

如果太陽特別猛烈且氣溫很高，應該縮短曬太陽的時間，並留意陸龜是否感覺過熱。反之，若當天氣溫較低，或是在曬太陽時突然吹來一陣冷風，我們應及時調整曬太陽的時間和地點，以讓陸龜保持在最佳的舒適狀態。

5. 請不要讓龜龜離開飼主的視線

「在陸龜曬太陽的時候，為什麼我們一定要陪在旁邊？」

這是曬太陽注意事項中極為重要的一點。陸龜曬太陽的時間若不長，我們還是要待在旁邊，這樣做，一旦有發生任何問題，都能夠儘快做處理。不少網友飼主分享，他們的陸龜在曬太陽時發生中暑或出現其他狀況，大部分都是飼主疏忽才發生的。多一點的心力去注意，飼養陸龜其實會變得很輕鬆。

▊ 九桃跟著陸龜一起曬太陽

6. 熱衰竭症狀

曬太陽最怕發生的是熱衰竭，熱衰竭基本上是由於陸龜在持續高溫下所產生，導致其身體無法適應的一種症狀。

那麼，我們如何辨識陸龜是否有熱衰竭呢？

如果在曬太陽過程中或曬完後不久，觀察到龜龜出現以下 3 種症狀，則需特別留意：

- 四肢無力
- 口吐白沫
- 精神狀態不好

很重要！若陸龜出現熱衰竭症狀，請立即帶去看醫生。因為熱衰竭可能對陸龜造成內部傷害，沒有專業醫療知識的飼主，難以判斷狀況的嚴重程度。

當我們一發現龜龜有熱衰竭症狀時，應盡快將陸龜移到陰涼通風的地方，並且幫牠補充水分，用少許涼水幫龜龜的身體降溫，不要使用太低溫或大量的水，以免造成反效果，以上是遇到熱衰竭的緊急處理方法，之後還是要帶去看醫生。總之，「預防勝於治療」，帶陸龜曬太陽時，多加注意就可以避免這些危險。

陸龜泡澡須知

為什麼要幫陸龜泡澡呢？

幫陸龜泡澡是每位飼主的必做功課，最主要原因是讓陸龜攝取水分，並且藉由稍微高於陸龜體溫的溫水去刺激陸龜的腸胃道進行排泄。

那幫陸龜泡澡有什麼好處呢？

1. 可以藉由觀察陸龜泡澡的同時，確認陸龜是否正常攝取水分，尤其是對於新飼養的陸龜。

2. 當陸龜在泡澡時排泄，可更直接地檢查其大便和排酸，進一步判斷牠的健康狀態。

▌泡澡後排出健康糞便

如何幫陸龜泡澡？

幫陸龜泡澡前，要先準備一個容器，尺寸規格大約是陸龜體型的 2 倍，陸龜才不會感受到緊迫，還能有足夠的空間活動。

再來是水溫的選擇，很多飼主對此可能不太了解，其實很簡單，我們可以拿測溫槍之類的產品，直接測量龜龜身上的溫度，再去調整出大於牠本身溫度約 3 ～ 5℃的水溫即可。

為何我建議水溫要高於陸龜體溫 3 ～ 5℃，而不是直接給一個具體的溫度呢？因為不是每個飼主都會在冬天為龜龜加溫，在冬天若陸龜的體溫只有 20℃，我們卻讓牠泡在 35℃的溫水中，這樣溫差會過大。

上述只是一個比喻，目的是為了提醒大家，不是所有的飼養方式物種，都適用網路上多數人說的 35℃泡澡溫度。若你的飼養方式是在冬天不加溫，在寒冷的冬天就不建議讓龜龜泡澡，可以用更好的方法，像是給予水盆讓龜龜喝水以補充足夠的水分。

那如果在烏龜有加溫的狀態下，你也沒有測溫工具，那可以用手去感受水溫，大約是在我們的手感覺到微溫到微涼之間，這樣的溫度大約會是在 35℃上下。不管是用哪種的方式泡澡，都必須特別注意溫差的問題，在泡澡的前、中、後都不要製造出太大的溫差起伏，這樣對陸龜來說是相對安全的。

多久應該泡一次澡？

　　一般建議每 2 ～ 3 天為陸龜泡澡 1 次即可。有些飼主每天都為陸龜泡澡，這不是不可行，但過於頻繁的泡澡可能會引發一些問題。像是有些物種長時間在水中浸泡，會引發皮膚問題；還有，有些個性膽小的龜龜，天天泡澡會讓牠比較緊張，每隔 2 ～ 3 天泡澡 1 次，是較理想的頻率。

■ 泡澡中的陸龜

陸龜沒排酸正常嗎？

　　在探討這個經常被許多人詢問的「排酸」問題之前，我想先和大家分享：為什麼陸龜會排酸？

　　不是所有的陸龜都會排酸，通常是生活在沙漠或是取得水分不易環境的陸龜，才會有排酸這個身體機能。簡單的來說排酸就是，這些取得水分不容易的陸龜為了可以讓身體的水分保持得更好，需要將尿液重複的吸收，重複吸收後的尿液就只剩下尿酸，當陸龜將這些尿酸排出體外時，我們就稱之為「排酸」。這也是為什麼我們會透過泡澡的方式，知道牠已取得水分，而排出尿液或是尿酸。

這時，應該有人有疑問：「奇怪⋯⋯為什麼我家的陸龜泡澡都沒排酸？」或是「為什麼有時候排、有時候不排？」首先，你要先確定，你家中的陸龜物種否具有排酸的特性。

　　如果你飼養的物種原本就不會排酸，那麼牠們排出的是尿液。而對於本來就具有排酸特性的陸龜，牠們也不見得每次泡澡都會排酸。基本上，不排酸有 2 個主要原因：

1. 太久沒有攝取足夠的水分，或是攝取太多高草酸的食物造成了結石。
2. 陸龜已經在適時補充水分，所以直接排出的是尿液。

　　在這種情況下，我們要觀察的是尿液有沒有排出來。所以陸龜沒有排酸，不必太過擔心。

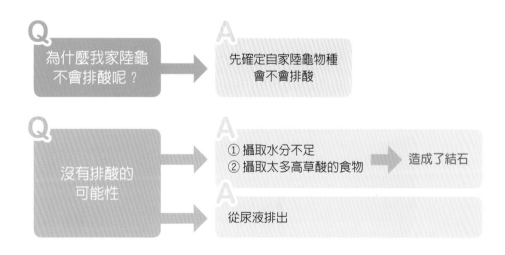

Q 為什麼我家陸龜不會排酸呢？ → A 先確定自家陸龜物種會不會排酸

Q 沒有排酸的可能性 → A ① 攝取水分不足 ② 攝取太多高草酸的食物 → 造成了結石

A 從尿液排出

飼養環境日常清潔

　　清潔陸龜的生活環境非常簡單，若你的底材是可清洗類型，把它刷洗乾淨，待稍微乾燥之後，噴灑些酒精進行消毒，酒精完全揮發後，再讓陸龜返回居住空間。

　　至於飼養容器，和底材的清洗與消毒方法一樣。若是不可清洗的飼養環境，則可以用擦洗的方式進行清潔，不管哪一種，都不要忘記做酒精消毒程序，也不要忘記要等酒精完全揮發，才可將龜龜放回。

刷洗底材

Chapter

7

關於陸龜不舒服與疾病

攝影：tagme

造成陸龜不舒服的原因

在陸龜的日常飼養中，觀察陸龜的各種狀態是非常重要的。本章節將探討可能導致陸龜感到不適的幾個主要原因，那為何我會說是「不舒服」呢？

因為「不舒服」是陸龜可能出現的一些早期徵兆，並不代表牠已經生病了。透過對這些細微變化的觀察，我們可以及時地了解到陸龜的不適，並採取必要的預防措施。接下來，我將分享這些重要的觀察要點。

溫度

溫度變化經常是造成陸龜不舒服的主要原因，陸龜是變溫動物，表示牠們能夠適應的溫度範圍比人類更大。當陸龜在短時間內經歷劇烈的溫度變化時，牠們會感到不適。而溫差過大可能會導致牠們出現感冒、食慾降低、消化不良等問題，還有流鼻涕、嗜睡和肺炎等常見疾病，很多時候都與溫度變化有關。

所以要避免讓低溫的龜龜直接泡熱水，高溫的時候沖到冷水，還有不要讓牠泡完澡後吹到冷風，或是長時間待在冷氣出風口下。這些情況都會讓陸龜容易受寒，就如同人類容易感冒一樣。

濕度

濕度對於陸龜的飼養有著相當大的影響，通常導致的是一些外部健康問題。正確的濕度需求會根據你飼養的陸龜物種和其生長環境而有所不同。

像是需要高濕度生活環境的陸龜，若太乾燥，陸龜會有眼睛打不開、皮膚乾燥、破皮等問題，以上所提出太乾燥出現的問題，或許在初期似乎是小問題，但如果沒有及時發現和做出適當處理，這些小問題會變成大問題。

舉例來說，當環境的濕度不足，可能初期只造成陸龜眼睛睜不開，但時間拖久了，可能會造成眼睛受到永久性的傷害、不吃東西、身體狀況越來越糟糕。雖然日常飼養過程中，不必過於擔心每一刻的濕度變化，但若觀察到陸龜出現異常，應該檢視環境中是否是濕度過於極端，從而造成了牠的不適。

餵食

看到這裡，或許有人感到不解，為什麼餵食會是陸龜不舒服的主因之一呢？請繼續看下去吧。

不當的餵食，短期間可能看不出明顯的問題，但時間久了這些不當的習慣會使陸龜越來越虛弱，是因為餵了過濕、缺乏纖維、蛋白質過高或營養不均衡的食物，甚至是餵食過多或過少。這裡要特別強調：請避免餵食不適合的食物，也不要持續不斷地餵同一類食物。過度餵食某一種不適合的食物，會給龜龜造成傷害。選擇對的食物、對的份量以及均衡的營養是關鍵。

好美味哦！

▎小蘇大口的吃著牧草

日照

　　日照對於陸龜是不可或缺的需求，許多忙碌的飼主容易忽略這點，只要一忙會忘了帶龜寶去曬太陽，短期內不會有什麼事發生，但長時間下來就算你發現到問題，已很難補救了。長期日照不足導致鈣質無法順利吸收，會造成陸龜的血鈣過低、甲殼慢慢變軟、骨骼關節變形、慢慢導致食慾不振、活力不足等症狀。此外，陸龜在日照不足的情況下，會影響到其他重要營養素的吸收。

　　不當的曬太陽方式也會對陸龜造成健康危害。例如：在過熱的情況下，陸龜可能會有熱衰竭，和人類的中暑一樣。在較冷的天氣或風大的環境下，

讓陸龜曬太陽或一邊泡澡一邊曬太陽，都可能讓牠感到不舒服。

如果實在沒有辦法定期帶陸龜曬太陽，建議購買全光譜燈泡或 UVB5.0 以上的燈具作為替代，讓陸龜得到必要的光線。切記，天然的陽光始終是對陸龜最有益的，有空還是要帶牠們去曬太陽喔！畢竟太陽還是陸龜最好的醫生。

曬太陽

爭鬥

在飼養多隻陸龜時，「爭鬥」是飼主常會面臨的問題。

陸龜雖然都看起來很憨厚，但是牠們是有脾氣的，即便是同種同父母的兄弟姊妹，每隻龜都有各自的性格、喜好，這些差異造成偶爾會有打架的情況發生。有些物種在性成熟後，因求偶的行為帶有攻擊性，這樣的爭鬥通常會導致 2 種後果：

1. 外傷：不管是咬傷還是用殼相撞，多少會有受傷和擦傷。常見在進食時，陸龜會不小心誤咬傷同伴，因此不難在牠們身上發現不同大小的傷口。輕微的傷口或許會自行癒合，但若在不乾淨的飼養環境裡，一旦受到感染，情況可能會迅速惡化。

2. 緊迫：九桃看過非常多這種案例——同一環境中有幾隻比較弱勢，或是在某些物種的瘋狂激烈求愛下，弱勢的龜出現緊迫。「何謂緊迫？」緊迫就是牠們太害怕了，會去找一個地方躲起來不敢出去，甚至完全不吃東西，越來越神經質等等，怕到不吃東西餓死都是有可能的。所以在此呼籲大家，如果要在同一環境內飼養 1 隻以上的陸龜，還是要好好思考看看，請確定你具備足夠的能力和知識來妥善處理可能出現的問題。

九桃飼養的
中紅被咬傷

陸龜的發病前兆

前面的章節分享了 5 種造成陸龜感到不舒服常見的原因，現在要談的是有哪些因素也可能使牠們不適。有哪些初步的徵兆或行為是可以觀察到的，以便我們及時發現並處理呢？

拒食

拒絕吃東西，相對很容易發現，已經飼養一段時間的陸龜，你應該熟悉牠的飲食習慣：牠喜歡吃什麼、一般會吃多少等。當有天發現牠食慾和往常不一樣，或是不吃東西時，那就要注意了。食慾的下降會逐步發生，一開始是食慾會慢慢下降，只是去聞聞食物，到後來完全不吃不聞，這些過程提供給大家參考。

許多人問起陸龜的狀態時，我的第一個問題往往是：「還會吃東西嗎？」這是因為食慾可以幫助我們初步評估陸龜的健康狀態。當食慾開始減少，它可能只是一個初步的警示；但若陸龜完全拒食，那麼情況可能更加嚴重。

九桃每天都會檢查自己飼養的陸龜 3～4 次。如果覺得某隻龜寶的狀態看起來有些「異常」，這時我會給牠一些食物，觀察其反應。健康的陸龜通常看到食物會立刻靠近迅速地吃下去。透過這樣的觀察，九桃能夠快速瞭解陸龜的健康狀況。

活力降低

活力下降是一個主觀的判斷方式，因為有些陸龜本身很懶惰。

我飼養的 4 隻紅腿象龜，雖然牠們生活在一起超過 4～5 年以上，但每隻的活動力完全不同，特別是「小古」跟「中紅」很愛跟在我身後走來走去，就算不是餵食時間，看到我出現會趕快跑出來。

而「小紅」就比較懶惰一點，沒事不太會出來，但是看到食物絕對是跑最快的那一隻。至於「大紅」，完全是個懶惰鬼，基本上除了吃東西絕對不走出來，清洗環境的時候也不動，要清理牠們的窩一定得把牠抱出來。

所以藉由每天的相處和互動，用心的飼主絕對可以發現龜龜的狀態正不正常，譬如該吃東西的時候不來吃，或是看起來懶懶的，這些都是牠們在反應給我們牠們不舒服的重要訊號喔！

嗜睡

嗜睡指的是睡眠時間過長不易叫醒，有些人會問：「我家的小陸龜，吃完東西就一直在睡覺，這樣是嗜睡嗎？」

幼龜長時間在睡覺是正常的，跟人類的小寶寶一樣，這樣才會長得快，但是如果吃完之後不夠活躍走來走去，看到食物也不太吃，那麼就要注意了，照理來說吃飽後會走動探索才是正常的。相對來說，大龜清醒的時間比較長，偶爾睡一下午覺也算是正常的。

所以當我們提到「嗜睡」，並不是指陸龜平常的休息狀態，因此相對容易從牠的日常行為中觀察得出來。有一種可能被誤認為嗜睡的情況是，

陸龜的眼睛不打開，陸龜的眼睛不舒服會一直閉著，會讓你以為牠是在睡覺。如果確定不是眼睛不舒服，那麼需要進一步探查造成嗜睡的原因。通常，嗜睡是由於其他不舒服的原因導致的，且可能暗示較為嚴重的健康問題。若確認龜龜有這樣的狀況，建議應儘速尋求專業獸醫的幫助。

流鼻涕

　　流鼻涕是陸龜飼養者常見的問題之一，流鼻涕不代表一定是感冒，但有可能是感冒的前兆。早期的症狀包括鼻子出現泡泡或者有少量的鼻涕，飼主應該馬上為陸龜保暖及帶牠去看醫生。如果小小的流鼻涕沒有及時做好處理，長期下來很可能會造成重感冒、肺炎等等，當出現嗜睡、活力下降、拒食這些的症狀時，已很嚴重了，務必請儘快帶著龜龜就醫。

　　在此，想特別提一下「肺炎」，這是蠻多養龜人會遇到的問題，因為大多數人沒有發現龜龜生病了，隨著時間的拉長，肺炎的風險漸漸加大。肺炎的症狀容易判斷，最明顯的就是陸龜會開口呼吸，呼吸時看起來好像喘不過氣那樣，並且嘴角會有很綿密的泡泡，甚至會出現食慾下降到拒食。肺炎經治療後多數可以得到改善，但它仍是一個死亡率相對較高的疾病，請務必要重視。

小蘇流鼻涕

大便異常

評估陸龜的健康狀況，有3大觀察指標：「活力」、「食慾」和「糞便」。會關心陸龜的飼主，這3個指數一旦有變化一定很快就會發現。我將為大家簡單介紹如何判斷陸龜的大便以及一些常見的異常情況。

正常情況下，陸龜的大便顏色應該是反映在牠吃下的食物。例如：如果主食為葉菜，糞便可能呈現綠黑色；如果經常吃咖啡色的飼料，糞便則會呈咖啡色。更為重要的是，糞便應該呈固態成形。「固態成形」這個描述可能有點模糊，用更直白的話說，健康陸龜的大便應該為整條，可以直接拿起來，不濕爛，就算泡到水也不會馬上散掉。

我們要理解就算是健康的陸龜，大便不可能一年四季都很漂亮。有的陸龜攝取了大量的高水分食物，大便仍然成形，但表面比較濕黏容易散掉。這時，飼主應該檢查是否需要增加牠的纖維攝取量。再次提醒，陸龜是變溫動物，溫度過低可能會影響其消化系統，導致排便異常。

如果陸龜的大便長時間未見改善，或者出現嚴重的腹瀉拉稀，代表腸胃出現比較嚴重的狀況，拖越久衍生的問題會更多，這時候建議請帶牠去就醫檢查。如果只是大便稍微濕潤或稍有腹瀉，先暫停餵食 2～3 天，讓牠們的腸胃道休息一下，再餵食添加益生菌以及較為高纖維的食物，不要給牠吃高水分的食物，然後觀察其情況是否有所改善。如情況持續，建議立即就醫。

另外跟大家補充一點，常常有人會問我：「陸龜的大便，有一層白白、透明的，很像是果凍的東西包在大便外面，這是怎麼了？」

當你發現大便的外部被一層透明物質所包覆時，這個東西叫做腸膜，

代表陸龜的腸道已受傷了。另外，如果整條大便的顏色呈現白色且透明，這是一個更為嚴重的狀況，可能有寄生蟲感染或是腸胃的狀態已經很糟糕了，請立即帶陸龜就醫檢查與治療。

■ 正常的大便

■ 因泡澡排出較為濕潤的大便

POINT

在這個章節中，我向大家介紹了多種陸龜可能出現的不適症狀。當然不是每一個症狀出現時都必須立即帶陸龜去看獸醫，但由於大多數的飼主不是專業醫生，往往只能依靠自己的觀察和經驗去判斷。我所分享的僅是一些觀察陸龜健康狀態的重點建議。若發現陸龜的狀態已超出自己的能力範圍，建議你還是儘速帶陸龜前往專業的獸醫診所進行檢查與治療。

陸龜常見疾病和緊急處置

　　陸龜最常見的疾病大致可以分成 2 種類型，第 1 種是感冒、拉肚子，第 2 種則是外部的傷害和感染，此章節針對感冒、眼睛感染、爛甲腐皮、拉肚子、出現傷口這幾種最常見的問題來跟大家分享。

感冒

　　感冒通常會出現以下症狀：流鼻涕、開口呼吸、食慾不振、精神不佳等症狀。初期只是輕微的流鼻涕，食慾、活力還算正常。我們可以適度地提高飼養環境的溫度，最重要在於保持烏龜不要再受到太大的溫度起伏。但若症狀沒有改善，反而加劇，建議應立刻帶牠前往看醫生。

> 感冒的緊急處置：我們能做的就是保持溫度的恆定。不要過度干擾陸龜。陸龜的身體狀態本能只要不舒服會讓牠怕掠食者攻擊，這時若過度干擾，恐會讓牠的狀態更緊張。

眼睛感染

　　眼睛感染是烏龜常見的健康問題，但有時與眼睛過於乾燥而不能輕易打開的情況容易混淆。若是因乾燥所致，只需用少量清水在眼睛周圍濕潤一下或是泡個澡，牠的眼睛就能自然地打開。若是受到感染的眼睛，情況則不同，其特徵伴有紅腫和分泌物等。

眼睛感染的緊急處置：當確定烏龜眼睛受到感染時，儘速帶烏龜看專業醫生是最安全的做法。在就醫前，我們能做的緊急處置是，使用生理食鹽水輕輕沖洗烏龜的眼睛以保持其清潔。

爛甲腐皮

　　爛甲與腐皮的問題不僅僅是在澤龜上才會發現，陸龜同樣也會出現這樣的症狀，通常，這類的疾病都是經過長時間累積而來的，所以及時發現與治療就變得很重要。通常腐皮容易看得出來，就是會有爛爛的皮膚，反而是爛甲不容易看得出來，有時你以為只有蛀一小孔，但其實下面已經整片蛀掉了，這種狀態的爛甲就須交給專業醫生治療了。

爛甲腐皮的緊急處置：在等待專業醫療的同時，首要的任務是檢視烏龜的居住環境以及受傷的部位都要保持在乾淨、衛生的狀態，讓受傷的部位保持乾燥，以避免繼續擴散甚至感染。

拉肚子

　　拉肚子在初期不會有太明顯的症狀，但若持續時間過長，則可能導致更為嚴重的健康問題，如食慾不振、大量喝水和活力下降等症狀。這時我們需要觀察是什麼原因造成拉肚子？是溫度不夠嗎？是餵食太濕？還是吃了不該吃的東西？如果持續沒有改善，且出現更多的症狀，需要趕快帶去給醫生看看喔！

拉肚子的緊急處置：拉肚子需要帶去看醫生表示有點嚴重了，這時要先停止餵食，保持水分的補充，並且記錄有多少天沒吃東西，以及採集牠們的糞便，這些都可以幫助醫生更精確地診斷烏龜的病情。

出現傷口

出現傷口的情況與前述的爛甲腐皮有其相似之處，不過這種突然出現的傷口更加危險，九桃家的「中紅」脖子曾經發生過，所以我們必須用最快的方式帶去看醫生。

出現傷口的緊急處置：在等待看醫生的過程中，先要確認傷口是否還在持續出血。若有大量出血，應優先採取止血措施。如果傷口沒有再出血，應進行傷口的清洗並施以基本的消毒處理。接著，保持烏龜所處的環境和容器乾淨且乾燥，然後專心等待看醫生。

WARNING

九桃不是專業醫生，不能就所有藥物和醫療行為提供詳盡的建議，本章節只是跟大家分享在等待就醫同時可以做的緊急措施，以減少龜龜們受到更嚴重的傷害。

如何找到治療烏龜的醫院

在台灣，烏龜是小眾的寵物，要帶烏龜看醫生並不是很簡單，因為一般的獸醫也不一定會治療。九桃建議最好是找特寵醫院或是非犬貓專科的獸醫，或者是有醫療烏龜經驗的獸醫院會比較好。

但這類專科診所並不普及，通常會有較多的患者等待就診，需要等待一段時間，甚至需要預約。所以我在此分享一些烏龜常見的疾病，以及在等待看醫生期間該如何照顧牠們的建議。

生病的龜龜該如何照顧？

當我們帶龜龜去看醫生時，醫生通常會告訴我們一些需特別注意的事項，以及平時在日常飼養中應留意的事情。當然，我們應根據醫生的指示來照顧龜龜。

比較常見的感冒型注意事項，就是保持溫度的恆定避免再度感冒；如果是外傷部分，當然是按時上藥，保持飼養環境的乾淨、乾燥，擁有乾燥的環境是十分重要的。潮濕悶熱的環境會促使細菌大量繁殖，所以一定要特別留意這點。

最後不管是哪一種情況，任何一種龜龜患了什麼疾病或感覺不舒服，我們最需要做的是「多多觀察」。觀察十分重要，因為它能幫我們判斷龜龜是否在康復中，如果不幸病情惡化，我們也能在第一時間發現，從而避免悲劇的發生喔！

Chapter
8

推薦新手飼養的陸龜物種

攝影：tagme

前面我已經介紹了如何布置飼養環境、選擇合適的陸龜，以及日常照顧時需注意的各種事項。那麼，我們應該選擇哪種陸龜來飼養呢？

　　每個人都有自己的喜好，九桃個人認為非常適合新手飼養的陸龜有5種。在這之前，我要強調一個很重要的觀點：無論哪種物種、或是多麼強悍的陸龜，當牠們還是小寶寶時，都是比較難照顧的。因此，建議第一次飼養陸龜的人，挑選個體大一點的，盡量不要挑選剛出生的幼龜，因為照顧牠們的難度會比較高哦！好的，接下來就為大家推薦5種適合新手飼養的陸龜物種吧！

我可愛嗎？

▌攝影：tagme

四趾陸龜

學名│ *Testudo horsfieldi*

原產地│中亞巴基斯坦至伊朗間各國

棲息環境│砂礫沙漠

適合溫度│ 17 ～ 27 ℃

成體背甲長度│ 15 ～ 20 公分

　　四趾陸龜有非常強的溫度忍受力，算是九桃心目中推薦給新手飼養的陸龜第一名。不管是從牠可愛小巧的體型，還是從牠健壯的體質考量，都極為適合初學者。

　　不過四趾陸龜雖可以適應不同的溫度範圍，但不代表著牠們不會生病。尤其當你飼養的是幼龜，基本的保溫措施依然不能忽視。畢竟，小寶寶的身體抵抗力不及成年龜。四趾陸龜的前爪只有 4 根，相較於其他陸龜通常有 5 根，因此得名「四趾陸龜」。

　　在日常照顧上，牠們對食物的接受度很高，只是食量明顯較小，所以提供營養均衡的食物是非常重要的。如果一年四季沒有提供溫度調控的環境飼養，當冬季時，你會發現牠們的食慾很低，甚至可能會不吃東西，這種情況需要特別注意。

另外就是九桃發現在潮濕地帶飼養四趾陸龜，需要格外注意其清潔和乾燥，否則牠們的腹部甲殼很容易出現爛甲現象。如果你打算在同一個環境中飼養多隻四趾陸龜，當牠們成熟後，要記得隔離或是有其他的防護措施，不然會發生公龜與公龜間的爭鬥，或是公龜對母龜的交配會造成傷害。

赫曼陸龜

學名｜*Testudo hermanni*

原產地｜南歐、東歐、巴爾幹半島、
　　　　土耳其等地方

棲息環境｜草原及森林地帶

適合溫度｜20 ～ 27 ℃

成體背甲長度｜20 ～ 28 公分

　　赫曼陸龜在台灣可說是最受歡迎的飼養物種之一。因為在價格上非常的親民，可以算是最便宜的陸龜。尤其在幼體時，實在是非常小隻，你一定無法想像小赫曼陸龜們聚集在一起的場景，那畫面的可愛程度簡直超乎你的想像！

　　在飼養上，尤其在幼體階段，要特別留意溫度的變化。當季節交替時，尤其是早晚的溫差，很可能使牠們感冒，隨著龜龜長大，可以慢慢讓牠適應自然的天氣變化。在飲食上，赫曼陸龜是可以多樣化的，因為牠們不挑食、胃口好，赫曼陸龜的成長速度也相對較快。

　　相對於四趾陸龜那較為扁平的甲殼，赫曼陸龜擁有更為圓潤的甲殼外觀。但牠們在成熟後的地域性和鬥爭性較為強烈。雖然行為沒有四趾陸龜那麼誇張，但飼養者仍需特別注意其隔離需求。

歐洲陸龜

學名｜*Testudo graeca*
原產地｜北非經中亞到東歐、南歐諸國
棲息環境｜乾燥沙漠與草原地帶
適合溫度｜20 〜 28 ℃
成體背甲長度｜15 〜 20 公分

歐洲陸龜與赫曼陸龜一樣，都是相對平價的陸龜物種。

然而，歐洲陸龜在顏色上的差異特別明顯，範圍從幾乎全黑的花色到幾乎沒有任何黑點及全身閃閃發光的金黃色。由於歐洲陸龜的亞種太多，其中許多很難辨識，所以個體花紋的不同往往也會影響其價格。相較於赫曼陸龜和四趾陸龜，歐洲陸龜具有最為渾圓的體型，整體看來算是袖珍型陸龜。

在食物方面，歐洲陸龜的胃口很好，可以接受大多數的葉菜、野菜和飼料。但正如之前所提到的，為了避免牠們過於挑食，我們應該提供多樣化的食物。另外，歐洲陸龜的腸胃功能相對強健。只要避免飼料過濕或不適合的葉菜，牠們的大便通常都會呈現健康的狀態。

不過仍需提醒各位，幼體的歐洲陸龜體質較為脆弱。多隻成年的歐洲陸龜共同飼養時，會出現較嚴重的鬥爭行為，這需要飼主特別留意。

緣翹陸龜

學名｜*Testudo marginata*
原產地｜希臘、阿爾巴尼亞南部
棲息環境｜森林地帶
適合溫度｜20～29℃
成體背甲長度｜25～35公分

　　緣翹陸龜算是所謂的歐系四寶之一，也就是前面介紹過的「四趾陸龜」、「赫曼陸龜」、「歐洲陸龜」，緣翹陸龜的體型相對較大，且隨著成熟後的體態也會有顯著的變化。

　　雄性緣翹陸龜在成熟後，在靠近尾部的緣盾會往上翹起，很像穿著長長的禮服在後面，是其他歐系陸龜沒有的特別特徵。至於母龜則無此特徵，這也是緣翹陸龜名稱的由來。食性上，除了體型較大外，緣翹陸龜與其他歐系三寶差不多。牠們的食慾和活力都很旺盛，可接受各種飼料和葉菜。

　　在溫度適應上，除了幼龜時期還是需要特別注意溫差的調整，長大後能慢慢適應自然氣候。在性格上，成年後的緣翹陸龜攻擊性較強。

　　有很多人在幼體階段很難區分「緣翹陸龜」和「赫曼陸龜」，因為牠們的背甲顏色和花紋有時非常相似。可以透過觀察腹部甲殼的花紋來區分。最後一樣要提醒，雖然歐系陸龜具有強健的體質，但幼體時期仍需要給予特別的照顧。

紅腿象龜

學名｜*Geochelone carbonaria*

原產地｜中美洲巴拿馬至南美洲阿根廷

棲息環境｜草原與森林地帶

適合溫度｜20～30℃

成體背甲長度｜30～40公分

　　紅腿象龜是九桃特別喜愛的陸龜物種之一，這種陸龜具有非常高的互動性，牠不僅活潑好動且充滿好奇心，沒事會四處遊走，探索各種事物，甚至會嘗試咬東西。個性較親人，看到人出現通常會馬上跑過去，看有沒有好吃的，實在非常可愛。

　　紅腿象龜原生於濕潤的氣候環境，台灣的高濕度氣候非常適合牠們。但台灣北部的冬天對牠們來說比較冷，如果在戶外飼養，最好提供加溫設施和遮蔽處。

　　九桃之所以喜愛紅腿象龜原因是，牠們在走路的時候會把身體撐得高高的，一步一步慢慢往前走，雖然體型不算太大，但充分的表現出象龜的那種霸氣感。與前面提到的歐系四寶相比，紅腿象龜的食性較為雜食。除了吃飼料和葉菜外，偶爾也會吃一點動物性蛋白質，例如：麵包蟲乾或其他食蟲性的陸龜飼料，這樣足以讓牠們營養均衡。照顧得好的紅腿象龜是一種體質強健的物種，但在幼體時期仍需要特別照顧。

陸龜繁殖的
注意事項

攝影：tagme

長到多大才能繁殖？

　　在飼養陸龜時，如果想進一步進行繁殖，先要確定的就是，龜龜是否已經達到適合生蛋的年齡和體型。

　　根據九桃的親身經驗，不同的陸龜物種，因生長於不同環境，自然有其獨特的成熟體型和年齡。在正常的餵食習慣下，多數陸龜的成熟年齡大約是 5 ～ 10 年，但這只是一個大致參考的數值。九桃看過一些飼主，為了讓陸龜早點成熟，大量且高頻率的餵食人工飼料，有的甚至不給任何葉菜，這導致一些龜龜在 3 ～ 5 年左右就開始產卵。建議大家不要這麼做，因為這樣的飼養方式對龜龜的健康不利，我們應讓牠們自然地成長。

成熟的
四趾陸龜

壓破的
四趾陸龜蛋

　　即使陸龜達到了適當的年齡和體型，仍然需要滿足特定條件，例如：環境需求，牠們才會開始產卵，並不是只有年齡和體型達到就好。以九桃所飼養的四趾陸龜為例，牠們到九桃家時已是亞成體，第 1 年冬天過完，母龜產下了 1 顆蛋。可惜的是，當時未滿足母龜產卵的環境需求，這顆蛋被其他龜壓破了。

　　再回到這隻母龜的例子看，牠已經成熟到可以產卵，但在接下來的 3 年，儘管生活狀態良好，吃好睡好，環境也熟悉了，牠並沒有再產下任何 1 顆蛋。不過，經過九桃的努力和研究，到了第 4 年，終於讓牠成功產下了 1 顆蛋。

　　當我們評估陸龜是否可以進行繁殖時，年齡和體型只是基本條件。許多人可能認為，一旦看到陸龜進行交配行為，就認為牠們已經準備好繁殖，但事實上，多數的公龜較早成熟，即使在母龜還未完全成熟時，牠們也可能嘗試交配。總之，評估陸龜是否適合繁殖，需要綜合考慮多種因素。

▋成熟陸龜的交配行為

繁殖的公母比例

在第 31 ～ 32 頁中分享過陸龜的公母如何分辨，很多人都想問公母的比例是否有具體的數字，可以讓產蛋量跟受精率更高呢？在我在飼養經驗中，這個問題是沒有正確答案的。

為何沒有正確答案呢？

因為每個飼主所提供的飼養環境都不同，從空間大小、環境布置、餵食方法，到陸龜本身的性格，都是影響公母比例的因素。

舉例來說，飼主Ａ和飼主Ｂ飼養相同的陸龜物種，且都選擇了 1 公 2 母的比例。在相同的條件下，Ａ的陸龜產下的蛋的質量比Ｂ飼主高。而當

B調整為 1 公 1 母的比例時，他的陸龜產蛋質量卻又更高。這說明了公母比例並不是固定的，而是受到多種因素的影響。

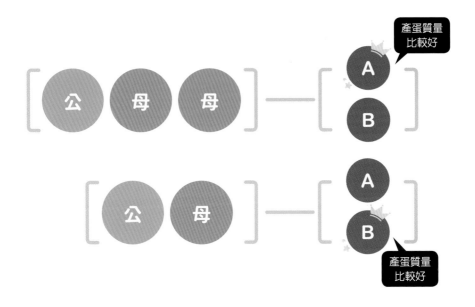

　　雖然前面說的只是一個比喻，但它反映了繁殖中的真實狀況。有時只有自己去嘗試，才能找到最適合的公母比例以優化產蛋質量，這是其他人無法給你的正確答案。在我心中，產蛋質量和龜龜的健康比較起來，後者才是最重要的。

　　有些物種的公龜之間鬥爭特別激烈，像是歐系陸龜。建議每隻公龜配上多隻母龜，以避免公龜之間的劇烈打鬥。有時，打鬥就算沒有明顯的外傷，但也會讓烏龜處於高壓力的狀態，導致牠們拒絕進食等問題。所以，儘管公母比例沒有一定的答案，了解每個物種的特性仍然非常重要，才能保證牠們健健康康的去繁殖喔！

如何打造陸龜產卵區？

陸龜的產卵區每個飼主會有不同的設置方式，但普遍都會在飼養環境中布置一個土區。只有少數的陸龜，如靴腳類陸龜會選擇在泥土、落葉、雜草等環境中堆積的小土堆產卵。對於大多數的陸龜來說，「土區」是必不可少的。

雖然叫做「土區」，其實根據陸龜的原生棲息環境，所需的下蛋介質會有所不同。有的需要濕潤的泥土，有的則適合排水性較好的砂石，還有些則偏好濕潤的水苔和泥土。在設置產卵區時，首先要瞭解的是所飼養物種的喜好，然後再來進行土區的布置。若飼養環境位於田中或土地上，布置會相對簡單。接下來分享如何在室內或水泥地上為陸龜設置產卵區。

▍設在飼養環境中的土區

為陸龜設置產卵區時，要注意以下幾點：

❶ 要確認陸龜能夠順利進入產卵區進行產卵。

❷ 避免產卵區直接暴露於陽光或雨水之下，這可以預防陸龜蛋被曬乾或被大雨淹沒。

❸ 產卵區的深度不宜過淺。以四趾陸龜成體母龜為例，體長約 15 公分，而我之前準備的沙盆深度約 10 公分，經常被挖到底部還再繼續挖，由此可見，產卵區的深度最好與陸龜體長差不多，或是至少大於體長的 ⅔，會較為理想。因為環境設置好之後要調整淺度很容易，要調整深度就很麻煩了。

❹ 在產卵區中設置遮蔽物，讓龜龜們有安全感，這樣可以增加牠們到裡面產卵的慾望喔！

▌ 為陸龜設置的產卵區

陸龜生產前的徵兆

　　陸龜生蛋前，會出現哪些特定的行為？

　　這個問題，九桃起初也摸不著頭緒。回想起那段日子，我經常上網搜尋資料，並詢問資深飼養者，就以我的經驗來跟大家分享吧！

頻繁走動

　　陸龜生產前最明顯的行為變化就是頻繁地移動。陸龜是一種不會顧蛋的生物，但牠們對於產卵的地點環境會特別要求，找到牠們覺得 OK 的環境，才會去做挖洞的動作。

用鼻子到處探查

　　當牠們正在尋找適合的產卵地點時，也會用鼻子四處探查，這樣的行為可能與濕度感知有關，因為對於龜蛋的孵化，溫度和濕度都非常重要。

不進食或是頻繁喝水

　　不同的陸龜物種在產蛋前的食慾改變不盡相同。以四趾陸龜為例，產蛋前不但食慾不減，反而可能更好。如果你發現陸龜的食慾有所改變，可

能與繁殖有關。再來是頻繁喝水，某些陸龜在產卵前會喝更多的水。有些物種會利用尿液來濕潤土壤，使其更易於挖掘，且挖掘的洞不容易坍塌。

後腳踢腿或是挖洞

陸龜即將產蛋的最明顯徵兆是後腳踢腿和挖洞。在你還沒設置產卵區時，陸龜往往會展現後腳踢腿的行為，牠們會用前腳固定住身體，然後用後腳用力往下和往後撥開，這是非常明顯的動作。

九桃一開始常常誤解「挖洞」的動作，因為四趾陸龜的天性是喜愛挖洞躲藏，所以平時牠們常常忙於挖洞。但是日常的挖洞與產卵前的挖洞明顯不同。日常挖洞，陸龜會主要使用前爪；而產卵的挖洞，前爪通常保持靜止不動，因為需要用它來固定身體。

在陸龜開始產蛋前，牠們可能會一直去挖洞，但沒有下蛋。這是因為牠們不斷嘗試尋找最理想的產蛋地點。當你觀察到龜龜一直在挖洞總是不滿意時，此時，可以微調整土壤的濕度或土砂的比例等。但千萬不要進行過大的環境調整，可能會導致陸龜因驚慌不下蛋憋著，或是因感覺不安全而隨意亂下蛋。

POINT

雌性陸龜在成熟後就算沒有交配，也會排卵，這便是俗稱的「生蛋」。所以所有成熟的雌性陸龜，都應該設置一個專屬的產卵區域，讓牠們可以安心的把蛋排出體外喔！

產卵對烏龜來說是一項極度消耗營養與體力的行為。在烏龜即將或剛完成產卵的前後期，都應該為牠們做營養的補充，同時也要多觀察牠們有沒有出現不尋常的舉動。產卵過程中，烏龜會消耗大量鈣質，也可能流失相當多的水分。因此，應額外增加鈣質和水的供給，以維持烏龜的健康。再來是，在產蛋季節來臨或產卵後，盡量讓牠們多吃一些，以儲備營養跟體力準備產卵喔！

產前的挖洞行為

撿蛋孵蛋細節多

如何找到烏龜下的蛋？

在我們要撿蛋前，得先找到蛋下在哪個地方。如果有幸目睹烏龜產蛋的過程，那麼可以直接在該位置找到。

如果我們沒剛好看到牠在下蛋，蛋就可能被埋在土中。要注意的是，蛋有可能因土壤過乾而乾掉，或因土壤太濕而造成缺氧。更糟糕的是，如果烏龜再次挖洞產卵，可能不小心將先前的蛋挖破掉。

所以在產蛋季，檢視土區這件事非常重要。陸龜在產蛋後通常會用其後腳和腹部把蛋埋得很細致，使得該處看起來十分平整，這也使得找蛋更具挑戰性。但觀察入微的飼主，只要經常有在檢查土區，還是可以發現蛋的蹤跡。通常下蛋地方會略微隆起、有微小的凹痕或看起來異常的平坦，這都是可能有蛋在下面。

在這邊想分享一個小技巧，雖然這方法不一定適用於所有種類的烏龜，但絕對值得試看看。撿蛋後，可以將土壤壓平壓實，然後在土壤上方劃上直線或橫線，或使用工具在土壤上打洞。如此一來，如果有烏龜在上面行走或試圖挖洞，就會很容易被發現了。

撿蛋

撿蛋要注意哪些事？

在前面已為各位講解如何找到蛋的位置。接著，介紹當找到蛋的位置時，該如何挖蛋呢？

先準備一個小盒子在裡面鋪上紙巾或是任何放入蛋不會讓蛋晃動的介質、放蛋的容器。把一切工具準備齊全後，開始輕輕地撥開土壤，挖蛋的時候切記動作一定要輕柔，將土輕輕的往兩側撥開，一直往下撥開土，直到看見蛋，看到蛋後沿著蛋的邊緣用指頭撥開蛋周圍的砂土，輕輕將蛋撿起，注意！注意！任何情況下都不要翻轉蛋。烏龜的蛋在受精後，若有翻動容易讓原本受精的蛋缺氧無法順利發育，所以挖開土看到蛋是哪個位置朝上，就應該繼續保持朝上的方向，這也是為什麼要事先準備盒子和其他材料的原因。蛋的形狀是橢圓形很容易滾動，我們要以最大程度固定好方向，這樣可降低在撿蛋過程中可能帶來的風險。

撿起蛋後
不要轉動

爲什麼要把蛋撿出來？

　　在繁殖烏龜的過程中，不管是陸龜或是澤龜，通常都會選擇將蛋取出進行人工孵化，這樣做得目的很簡單，就是希望能提高孵化率。在自然環境下，溫度和濕度的波動都相對較大，這會使得龜蛋自然孵化的成功率較低。再來就是許多飼養的烏龜物種並非原生於台灣。所以牠們的蛋在孵化時所需的溫、濕度條件，台灣的氣候無法滿足牠們要的。因此，人工孵化會是比較安全的。

如何知道龜蛋有沒有受精？

　　產出的烏龜蛋，若是受精的，其蛋卵黃通常會在 12 ～ 24 小時內慢慢沉至蛋的底部。可以拿手電筒照射蛋，觀察卵黃是否有下沉。如果有，則表示該蛋是有受精的卵。若沒有下沉，讓蛋多放一段時間，之後繼續做觀察。

下沉的卵黃

孵蛋前要準備什麼？

成功撿到陸龜蛋後，下一步便是進行孵化工作。那究竟孵化陸龜蛋需要哪些必要裝備呢？常見的孵蛋裝備包括「孵蛋箱」、「孵蛋盒」、「孵蛋介質」和「溫濕度計」。接下來，我將逐一介紹這些裝備的特點和用途。

孵蛋箱

孵蛋箱是用於孵蛋的外部容器。我目前所使用的是從市面上買的孵蛋箱。

市售的孵蛋箱優點：溫度控制、溫度維持以及整體的使用壽命都較為穩定，自製孵蛋箱較難以達到的條件，就是擁有製冷跟製熱2種功能，製熱較簡單可以做得到，製冷不易做得到。接下來再分享超簡單自製孵蛋箱給各位，不過還是建議買1台市售的孵蛋箱會比較安全。

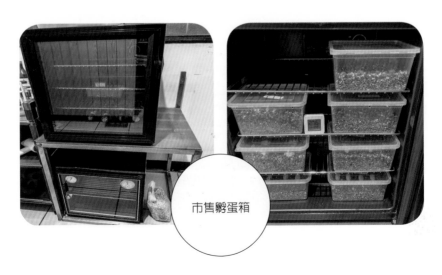

市售孵蛋箱

孵蛋盒

　　孵蛋盒是用來放置龜蛋並置放於孵化箱中的容器，沒有其他嚴格的規定，只需要注意 4 個點：

1. 密封性。用密封性高的塑膠盒，然後對其鑽孔，通常會在兩側各鑽 1 ～ 5 個孔洞，目的是維持適當的濕度和空氣流通。

2. 易於開關。孵蛋盒要方便打開和蓋上，因為在開關引起的震動是越小越好。

3. 透明度。越透明越好，這樣可以減少開蓋觀察的次數，越多的觀察可以在不打開的狀況下完成，對蛋來說越安全。

4. 深度。孵蛋盒不宜太淺，需要有足夠的空間放入大量的孵蛋介質，同時還應確定即使放入孵蛋介質後，盒內仍有充足的空間。

▋在孵蛋箱內的孵蛋盒

孵蛋介質

孵蛋介質在整個孵蛋過程中扮演著至關重要的角色。在選擇孵蛋介質時，有 3 個主要的評估準則：「保濕性」、「透氣性」和「抗霉性」。

1. 保濕性：保濕性指的是介質保持濕度的能力。在孵化過程中，蛋需要特定的濕度才能成功孵化。濕度過高，蛋可能因外部壓力而裂開；濕度過低，則蛋內的水分會流失，阻礙孵化。

2. 透氣性：蛋其實需要呼吸。若孵蛋介質的透氣性差，蛋就可能會因無法呼吸而缺氧，或更容易受到霉菌侵害。

3. 抗霉性：抗霉性與前 2 個評估準則有一定的關聯，但這還涉及到介質本身的材質。若孵蛋過程中出現霉菌，後果可大可小。最輕微的情況可能只需清除霉菌，但最嚴重的則可能導致整個孵化箱內的蛋都受到感染。因此，選擇不易發霉的介質是十分關鍵的。

常用的孵蛋介質包括「蛭石」和「珍珠石」。這兩種介質因其特性而被廣泛使用於孵蛋過程中。

■ 蛭石

■ 珍珠石

溫濕度計

　　溫濕度計的主要功能是，協助我們監測孵化環境內的溫度和濕度是否達到預期標準。溫濕度計所顯示的數值應僅作為參考，畢竟每台溫濕度計都可能存在一些微小的誤差。加上長時間處於高溫和高濕度的環境下，溫濕度計可能會出現故障。所以當你在孵化龜蛋時，最好備有多台溫濕度計可以提供更精確的監測。

▋ 孵蛋箱內的溫濕度計

簡單自製孵蛋箱

這個自製孵蛋箱的方法，其實是來自九桃在網路上參考多位前輩的分享後親自實踐。有成功孵化出紅面蛋龜的經驗，即使那時尚未嘗試孵化陸龜，也已確認此方法對於孵化烏龜是有效的。

接下來，我將為大家詳細介紹這款自製孵蛋箱的製作方法：

材料清單

有蓋的保麗龍箱子	溫濕度計	風管
瓦楞板	塑膠管	定溫加熱棒
保麗龍膠	紗窗布	生化棉
透明桌墊	打氣機	

製作步驟

❶ 將保麗龍箱子的蓋子挖出 3 個孔洞。其中 1 個孔洞用來放置溫濕度計，以便從外部監控箱內的環境條件。

❷ 另外 2 個孔洞可以製作成方形，再使用透明桌墊黏貼上，打造出 1 個觀察窗，讓我們可以隨時查看蛋的狀態。

❸ 在蓋子上再挖出 4 個小孔，孔的尺寸需與塑膠管相符。接著，將紗窗布套在塑膠管上，再固定到剛剛挖好的孔洞中。這樣蓋子的部分就製作完成了。

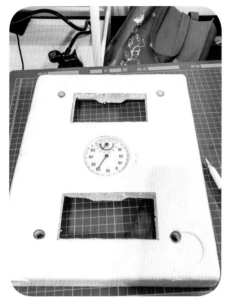

▌孵蛋箱上蓋製作　　　　　　　　　　▌自製孵蛋箱成品

再來就是製作孵蛋箱內部了。

❹ 首先在箱底做出 1 個可固定加熱棒與風管的位置。然後用瓦楞板搭
　 建一個帶有支架的平台。

❺ 此平台需設置於加熱棒的上方，且其高度應略高於水位。這樣就可
　 以在平台下方加入溫水，可爲上方的龜蛋提供所需的溫度。

❻ 在所有組件都安裝好之後，接通電源，打開加熱棒開始加溫，並開
　 啓打氣機。這樣做可以增加水的溫度循環和讓濕度上升。

❼ 最後，在加熱棒和風管預留的孔洞處，塞上生化棉。藉由生化棉浸
　 入水中的多寡，可以有效地控制濕度的高低。

❽ 到此大功告成了。但切記，我們可能隨時還需要對溫度和濕度進行
細微調整。

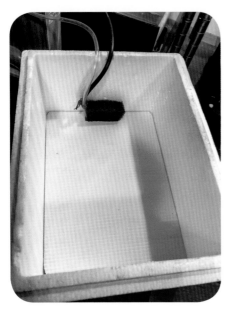

▋中間隔板以及調節濕度的生化棉

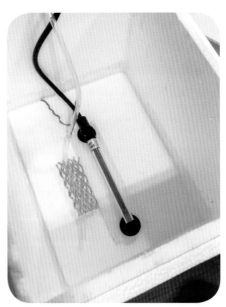

▋孵蛋箱底部構造

孵蛋的技巧

孵蛋的技巧可說是有 100 個人孵就有 100 種方式，從我嘗試繁殖烏龜前跟繁殖期間，一直到現在，我不斷地向有經驗的前輩請教，每位前輩的方法都略有不同，與我實際操作的體驗也有些不同。所以我只能分享自己的經驗與作法，希望能給大家一些參考意見，好讓你們再依照自己的實際狀況去調整。

首先，孵化陸龜蛋需要特別注意的 3 個條件就是溫度、濕度、時間。大部分陸龜蛋的孵化適宜溫度範圍是 26 ～ 30℃，尤其在 28 ～ 30℃之間是較為理想的孵化溫度，也能縮短孵化時間。以下我會簡述從發現蛋到孵化的整個過程。

撿到蛋後，首要的是保持原先朝上的方向不變。我會輕柔地用清水清洗蛋，然後在蛋的上方位置做個記號，以便後續觀察。再來會將蛋放入預先準備好的孵蛋盒中，裡面已放有孵蛋介質。我習慣用蛭石，並與等量的水混合。混合後，在蛭石上挖出適合放蛋的凹槽，使蛋的一半露出，然後蓋上蓋子，將牠放入孵蛋箱中。之後就是漫長的等待跟觀察。如果是受精蛋，你會在幾天到幾週後看到精斑出現。

此外，蛭石的濕度要控制得宜。如果過濕很容易辨認，因為蛋上和盒子上都會出現水珠。過乾的話，就需要靠經驗去摸蛭石判斷。

總之，在此分享了從發現蛋到孵化的基本過程。當然，實際孵蛋過程中可能會遇到非常多的問題，真的就需要靠各位去嘗試摸索、累積經驗了。

■ 放置好準備孵化的龜蛋　　　　　　　　　■ 開始發育的龜蛋

烏龜的性別由孵化溫度決定

　　我想跟各位分享一個有趣的小知識：大多數烏龜的性別是由孵化溫度所決定的。你可能會問，為什麼說是大多數呢？

　　極少數的烏龜性別是由基因或其他因素決定，但絕大部分的烏龜還是由孵化溫度決定性別喔！不同種類的烏龜可能略有不同的溫度條件，大致上是 27 ～ 28℃為分界點。在 27 ～ 28℃以上，雌性烏龜的孵化比例會增加；在 27 ～ 28℃以下，雄性烏龜的孵化比例則較高。接近 27 ～ 28℃的，2 種性別的烏龜都有機會出現喔！

Chapter
10
常見陸龜飼養問題 Q&A

Q1　如何跟龜龜培養感情？

A　與陸龜建立情感緊密的關係，對於多數飼主來說，除了龜龜的健康，這同樣是他們非常重視的部分。

許多飼主告訴九桃，他們的龜龜非常害羞，難以靠近。基本上這有 2 個原因。

1. 每種龜的物種本來就會有差異。
2. 每隻龜其實都有自己的個性。

對於飼養多隻同種陸龜的飼主，應該很容易發現到這點，不管龜龜有多害羞，我們還是有機會跟牠慢慢培養感情的。培養感情可以簡單分成 2 個階段：

第 1 階段最簡單的方法是，利用食物讓龜龜對我們放下戒心，我們可以用手拿葉菜等食物餵牠們，當龜龜習慣我們定期餵食的時候，牠們就會變得願意主動接近我們，顯示牠們對我們開始很信任。

這時候進入第 2 階段，就是去嘗試摸摸牠們的頭，一開始，龜龜可能會反射性地縮回，久而久之牠們會慢慢習慣我們的觸碰，並且與我們的感情越來越好。不過在進行以上行為之前，要確定這隻龜龜處在健康狀態。對於剛帶回家的龜龜不要嘗試跟牠們有太多接觸，以免造成還沒熟悉環境加上有緊迫感，而出現不適的狀態喔！

Q2 冬天陸龜都不吃東西，是冬眠嗎？

A 基本上，在台灣飼養的陸龜，多數是不會進入冬眠狀態的，除非你所居住的地區在高山上。

首先，要先確認飼養的陸龜物種是否有冬眠的特性。許多我們飼養的陸龜物種，其原生棲息地是在熱帶或亞熱帶地區，牠們一輩子根本遇不到非常寒冷的季節，這些陸龜自然就沒有冬眠的習性。

再來是，陸龜通常需要達到特定的低溫才會進入冬眠狀態。每一種陸龜物種，因其棲息地的不同，進入冬眠的溫度也有所差異。以野生四趾陸龜為例，在氣溫降至 5℃以下，甚至接近 0℃時，牠們才會進入冬眠，並且會躲入地洞讓體溫維持在大約 5℃。

冬眠前的陸龜會經歷一段稱為「冬化」的過渡期。當氣溫低於 15℃時，陸龜會開始減少食物攝取，並增加睡眠時間，從而放慢牠們的新陳代謝。所以當你發現飼養的陸龜在冬天食量減少，大多是因為低溫使得牠們的消化速度變慢不願意進食。只有少數才會出現冬化現象。所以在台灣，陸龜真正進入冬眠的情況是相對少見的。

Q3 陸龜翻過來太久會死掉嗎？

 陸龜如果翻過來的時間太長，確實可能會導致牠們喪命。

陸龜被翻過來的情況其實是相當常見，通常是幼龜，因為牠們的活動力容易發生這種情況。如果你了解過陸龜的生理構造，會知道在牠們的背部往內的位置就是肺部。所以很多人會說，陸龜翻過來太久會因為壓迫到肺部而死亡，確實是有所可能，但通常需要較長的一段時間。

基於我的觀察和經驗，導致陸龜死亡的主要原因並非僅因為肺部受壓，而更常見的有 2 大原因：

第 1 個原因，陸龜若在強烈陽光下或直接在加溫燈下，翻過來無法移動身體，這時牠們的身體溫度會一直上升，因無法自行移動做溫度的調節，就會容易造成熱衰竭。

第 2 個原因，陸龜翻倒在水盆內，剛開始牠們會抬起頭掙扎，時間久了，會越來越沒力氣，導致頭部只能放在水盆內，時間一久就會造成溺死。

所以陸龜翻過來太久會死掉是真的，為了避免這種情況，我們應該確保飼養環境不易使牠們翻倒。例如：盡量保持飼養環境的地形平坦，讓加溫燈的位置或水盆周圍沒有太大的高低落差，這樣可大大減少陸龜被翻過來的風險。

跌倒的
紅腿象龜

Q4　陸龜可以混養嗎？

A　所謂的混養，不單單是指不同物種的混養，而是指 1 隻以上的陸龜混養，基本上陸龜可以混養，但是有一個很重要的前提，就是你必須承受混養帶來的風險。

　　混養的風險確實很多，從常見的咬傷、踩傷到寄生蟲的傳染，再到各種疾病的傳染，這些都是混養一定會遇到的。所以當你決定混養時，就必須意識到可能面臨的風險，且應具備相應的知識和能力來應對。如果你不確定或覺得自己無法處理這些可能的問題，那麼九桃建議最好不要進行混養。

Q5　陸龜會吃自己的大便正常嗎？

A　這個問題的答案是絕對正常的，陸龜們會去吃大便是牠們野外生存的大智慧喔！

　　常常有朋友看到自家龜龜在吃大便，很擔心是不是身體有問題。九桃跟各位說，這是再正常不過的舉動喔！陸龜在野外因為獲得的食物營養時常不夠或是不夠均衡，所以牠們會藉由吃其他動物的糞便，甚至吃自己的糞便，以獲得通常難以取得的營養成分。所以看到龜龜們在吃大便雖然感覺很髒不衛生，但其實這是牠們生存的大智慧。

Q6 陸龜需要剪趾甲嗎？

A 這是一個頗具爭議性的議題，對九桃而言，對陸龜進行趾甲修剪的行為是有必要的，但並不需要像人類一樣時常修剪，而是有特定的需求才修剪。

在陸龜的飼養環境中，選擇用磁磚背面作為地面材料的好處有 2 個：1. 在加溫燈的照射下，地面能保持一定的溫度；2. 陸龜在這種地面上行走時，牠的趾甲會自然的磨擦。經九桃長時間觀察，發現採用這種方式的陸龜們，很少有趾甲過長的問題，自然也就減少修剪趾甲的需求。

如果無法設置讓陸龜自行磨擦趾甲的環境，長時間下來，陸龜趾甲會過長，甚至影響到行走或是變形，這時修剪趾甲變得非常重要。幫陸龜剪趾甲有一定的難度，因為牠們的趾甲中有血管，所以九桃不建議各位自行為陸龜修剪趾甲，最好帶去給專業的獸醫或是專家剪，或是請他們指導你如何安全幫陸龜修剪趾甲，這樣才是最為安全的做法哦！

█ 正常的趾甲長度

Q7 陸龜需要定時驅蟲嗎？

A 關於陸龜是否需要定時驅蟲，每個人有各自的看法，以下是九桃基於自身經驗所提供的分享。

陸龜是否需要定期驅蟲，與牠所處的飼養環境和餵食習慣都有關係。例如：被飼養在戶外的陸龜攝取天然食物、接觸其他動物糞便或是小蟲、蝸牛等的機率高。在這種情況下，陸龜被寄生蟲入侵的機會就會增加，因此會需要驅蟲。

再來是常餵食「活餌」的陸龜，需特別留意是否需要進行驅蟲。至於在室內飼養、主要餵食葉菜或特定飼料的陸龜，其感染寄生蟲的機會相對減少，主要來源可能是葉菜上的蝸牛或菜蟲。所以是否定期驅蟲，取決於飼主根據自身飼養條件做出的判斷。

WARNING

驅蟲涉及藥物使用，不僅存在藥物可能帶來的風險，陸龜在驅蟲過程中也可能會感到緊迫，所以驅蟲這件事是有風險的。我建議飼主在陸龜沒有異狀就不必急於驅蟲。但若觀察到糞便中明顯有寄生蟲，則應及時採取行動。當然，進行驅蟲時，飼主也應做好心理準備，因為該過程畢竟還是會伴隨著某些風險。

Q8 加溫燈跟加溫墊的優缺點？

幫陸龜加溫不外乎是加溫燈和加溫墊，是否有發現九桃沒提過加溫墊？其實我沒有使用加溫墊，不是覺得加溫墊不好。而是每個人對飼養陸龜都有自己的見解，以及一套屬於自己的飼養方式，在此依照九桃的經驗，分享兩者的優缺點。

加溫燈

優點 這是最接近自然狀態下太陽對陸龜的加溫方式，先從背部開始加溫。因陸龜的肺部在龜殼正下方，加溫燈照射先從背部開始有助於提高身體溫度，這也是自然界中的陸龜主要獲取熱量的方法。

缺點 使用時可能導致飼養環境的濕度過低，特別是在冬天長期無下雨的情況下。所以依照不同的氣候和物種，調節濕度相當重要。

加溫墊

優點 一是不會降低飼養環境的濕度。二是在設置上較安全，能減少碰撞燈具的風險。但是相對使用加溫墊的安全性，是跟加溫墊的品質有絕大關係，若買到劣質的加溫墊，可能會對龜和人造成傷害。

缺點 個人認為如前面所提到，它從陸龜的腹部開始加溫，會先提升腹部的溫度，對於提高整體環境的氣溫來說較困難，因此也較難有效地加溫陸龜的肺部。

以上是我對二者加溫設備的看法，還是那句老話，飼養沒有一定的對與錯，最重要的是找到最適合自己和龜寶的方法。

Q9 如何提高飼養環境濕度？

A 許多人會擔心濕度的問題。在台灣，除非你是飼養靴腳類陸龜還有紅腿、黃頭這類型的陸龜，否則只需根據環境狀態調整濕度。至於歐系陸龜等其他種類，通常不需要太在意濕度問題。畢竟在戶外飼養環境中，想靠人力去改變濕度實在太困難，所以我們只討論室內的飼養。

通常只有在冬季長時間使用加溫燈的情況下，需要留意陸龜是否太過乾燥。簡單的判斷方式就是，檢查皮膚是否乾裂、眼睛是否看起來水汪汪的好像哭過。如果有上述情況，很有可能是飼養環境過於乾燥。這時，如果是使用盆子內或玻璃爬蟲缸內飼養陸龜的飼主，可以在不會淹過腳踏墊或人工草皮的底材下，加入少量的水，這是一個提高環境濕度的有效方法。如果沒辦法這樣做，則可以在飼養環境內放置一個夠高且穩固的裝水容器，要再三確定陸龜無法爬進去或推倒它，這樣也能有效地增加濕度。

Q10 陸龜要交配才會生蛋嗎？

A 很多朋友不太了解這個問題。簡單地說，陸龜其實不一定需要交配，只要是成熟且營養充足的母龜，就有機會直接下蛋。只是這些未經過交配排出來的卵，會是未受精卵，也就沒有辦法孵化出小烏龜。

Q11 | 如何判斷陸龜的蛋有無受精？

A 每種蛋受精的狀態多少都有些許的差異，今天用九桃在紅腿象龜的蛋觀察到的現象跟大家分享，通常有 2 種在判斷蛋的受精方式會比較準確：第 1 種是在蛋下出來後 12 ～ 24 小時即可判斷有無受精的方式，就是觀察卵黃有無下沉，這種方式在澤龜蛋的觀察非常明顯，但在紅腿象龜蛋基本上是看不出來的，紅腿象龜蛋不管有沒有受精看起來都是整顆通透的，所以就要用第 2 種方式，也就是觀察精斑。

精斑的出現時間非常不一定且影響的原因也非常多，但通常有受精的蛋可以明顯在蛋殼上看到會有白色的印記越來越明顯、面積越來越大，這就是精斑，如果都沒有觀察到，基本上就需要等到有血絲才可以很確定有發育哦！

▌澤龜受精蛋，可以明顯看到卵黃下沉

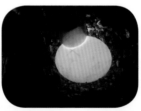

▌陸龜受精蛋，整顆通透看不出來

▌無受精蛋，整顆通透

▌有受精蛋，上方不光並且較白

▌正在顯現精斑的紅腿象龜蛋

Q12 如何孵化陸龜的蛋？

 孵化陸龜蛋是一門非常深的學問，九桃也在持續努力中，所以只能跟大家分享大方向，至於很多細節以及所謂的眉角，就要靠大家自行摸索了，因為每個人使用的孵化方式大多都不同。

要孵化陸龜蛋，首先，需要準備一台孵蛋機，孵蛋機最基本的功能就是需要可以控制溫度，最好是製冷、製熱都可以，這樣在使用上會更穩定，至於孵化溫度就沒有一定了，每種物種需要的溫度都不同哦！

再來就是孵化蛋的容器，基本上九桃建議要選擇好開、有點深度夠放介質的塑膠容器會比較好，九桃自己通常都是用好開的餅乾塑膠盒。

最後是介質的部分，介質有非常多種，九桃目前用最習慣的是蛭石，保水性好、透性佳，是非常不錯的孵蛋介質哦！

當我們把上面的東西都準備好，就可以調配蛭石和水放入孵蛋容器內，九桃自己的蛭石和水比例是 1：1，這是一開始的比例，當然後續檢查要因環境去做增加或減少，再來放入孵蛋箱裡就可以開始孵蛋囉！

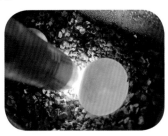

▌發育中的紅腿象龜蛋

POINT 關於孵蛋，沒有一定怎麼做才是正確的，所以這邊只能作為給大家一個小小的參考，絕對不是簡單幾行文字就可以完整敘述的。

Q13 陸龜死掉了該怎麼辦？

A 　這是一個相對沉重的話題，雖然大家都不想面對自家龜龜的離開，但世事無常，離別的那天總是會到來。

在目前台灣的生態環境下，爬蟲類並不像貓狗那麼普及化，因此沒有太多關於龜龜的專門處理後事機構。對於陸龜的離開，飼主通常有以下 2 種建議的處理方式：

第 1 種：就地掩埋，這種方式的前提是不可造成他人的困擾才能做。

第 2 種：製成標本或留下殼，這種需求逐漸增加，現在有不少專業的店家可以提供這方面的服務。

九桃建議有這方面需求的飼主，直接尋找專業的店家幫忙處理。畢竟自己親手處理雖然可行，但可能對心靈造成一些衝擊。至於留殼的具體方式，我思考後決定不做分享，總而言之，有這方面需求的人，可請求專業的人士協助。

豹紋陸龜殼

還有什麼問題想問 九桃 呢？

如果還想要知道更多關於陸龜的消息，
可以關注九桃的頻道：

Facebook　　　Instagram　　　YouTube

給讀者的一封信

　　首先，我要衷心感謝看完這本書的讀者，特別是那些對陸龜充滿熱情的朋友。在華人生活地區中，烏龜往往被視為小眾寵物，因此許多人對烏龜的認知有限。但這並不表示喜愛烏龜的我們是怪人。反之，這證明我們有看到了烏龜可愛美麗的一面，並且發現了獨特和美好的興趣。

　　寫這本書時，九桃已與烏龜相處近 7 年。從一開始懵懵懂懂的做功課學習飼養，到飼養的烏龜都慢慢長大了，九桃越來越熱愛這群可愛的小動物，透過與牠們的互動，我學習到生活中那些難得而寶貴的智慧。

這張照片的主角不是龜龜們，而是九桃哦！

因爲烏龜，九桃做了很多沒有想過會做到的事，不管是創建了 YouTube 頻道、受邀當講師分享我的陸龜飼養經驗，還是到完成這本書的寫作，都是我過去從未想過，我的人生中居然會有這些經歷。正是因爲烏龜，我得以體驗了這些意想不到的事情；在我遇到挫折的時候，是烏龜讓我挺了過來；是烏龜，讓我的人生有了新的追求目標，我相信每位飼主能和我一樣，從飼養陸龜的過程中找到內心的寧靜和快樂的回憶。

　　烏龜實在是非常棒的寵物，九桃會更加努力推廣讓更多人愛上這些可愛的小傢伙。還有，我希望這本書可以幫助到各位飼主可以更好地照顧自家的龜龜，並且讓每一隻烏龜都能因爲有我們的照顧過得幸福快樂。

　　最後，九桃想分享一個信念：人活著能有一個美好的興趣是多麼珍貴，飼養烏龜的過程雖充滿挑戰，但只要願意做功課、願意付出眞心對待牠們，牠們一定會給我們一段美好回憶的。

▌攝影：tagme

寵物館 122

陸龜飼養指南
從挑選、飼養環境、餵食到繁殖，
打造幸福陸龜生活的完整飼育手冊！

作者	九桃
編輯	余順琪
編輯助理	林吟築
封面設計	高鍾琪
美術編輯	點點設計

創辦人	陳銘民
發行所	晨星出版有限公司
	407台中市西屯區工業30路1號1樓
	TEL：04-23595820　FAX：04-23550581
	E-mail：service-taipei@morningstar.com.tw
	http://star.morningstar.com.tw
	行政院新聞局局版台業字第2500號
法律顧問	陳思成律師
初版	西元2024年04月15日

讀者服務專線	TEL：02-23672044／04-23595819#212
讀者傳真專線	FAX：02-23635741／04-23595493
讀者專用信箱	service@morningstar.com.tw
網路書店	http://www.morningstar.com.tw
郵政劃撥	15060393（知己圖書股份有限公司）
印刷	上好印刷股份有限公司

定價 420 元
（如書籍有缺頁或破損，請寄回更換）
ISBN：978-626-320-778-3

圖片來源請見內頁標示
未標示者皆由作者提供

Published by Morning Star Publishing Inc.
Printed in Taiwan
All rights reserved.

| 最新、最快、最實用的第一手資訊都在這裡 |

國家圖書館出版品預行編目（CIP）資料

陸龜飼養指南：從挑選、飼養環境、餵食到繁殖,打造
幸福陸龜生活的完整飼育手冊！/九桃作. -- 初版. -- 臺
中市：晨星出版有限公司, 2024.04
196面；16×22.5　公分. -- (寵物館；122)
ISBN 978-626-320-778-3(平裝)

1.CST: 龜 2.CST: 寵物飼養

437.394　　　　　　　　　　　　　113001167

晨星寵物館重視與每位讀者交流的機會，
若您對以下回函內容有興趣，
歡迎掃描QRcode填寫線上回函，
即享「晨星網路書店Ecoupon優惠券」一張！
也可以直接填寫回函，
拍照後私訊給 FB【晨星出版寵物館】

◆讀者回函卡◆

姓名：＿＿＿＿＿＿＿＿＿　性別：□男　□女　生日：西元　　／　　／

教育程度：□國小 □國中 □高中／職 □大學／專科 □碩士 □博士

職業：□學生　　　　□公教人員　　　□企業／商業　□醫藥護理　□電子資訊
　　　□文化／媒體　□家庭主婦　　　□製造業　　　□軍警消　　□農林漁牧
　　　□餐飲業　　　□旅遊業　　　　□創作／作家　□自由業　　□其他＿＿＿＿＿

* 必填 E-mail：＿＿＿＿＿＿＿＿＿＿＿＿＿＿＿＿ 聯絡電話：＿＿＿＿＿＿＿＿

聯絡地址：□□□＿＿＿＿＿＿＿＿＿＿＿＿＿＿＿＿＿＿＿＿＿＿＿＿＿＿＿＿

購買書名：**陸龜飼養指南**

・本書於那個通路購買？　□博客來 □誠品 □金石堂 □晨星網路書店 □其他＿＿＿

・促使您購買此書的原因？

□於 ＿＿＿＿＿ 書店尋找新知時　□親朋好友拍胸脯保證　□受文案或海報吸引

□看＿＿＿＿＿＿＿網路平台分享介紹　□翻閱 ＿＿＿＿＿＿＿ 報章雜誌時瞄到

□其他編輯萬萬想不到的過程：＿＿＿＿＿＿＿＿＿＿＿＿＿＿＿＿＿＿＿＿＿

・怎樣的書最能吸引您呢？

□封面設計 □內容主題 □文案 □價格 □贈品 □作者 □其他 ＿＿＿＿＿＿＿

・您喜歡的寵物題材是？

□狗狗 □貓咪 □老鼠 □兔子 □鳥類 □刺蝟 □蜜袋鼯

□貂 □魚類 □烏龜 □蛇類 □蛙類 □蜥蜴 □其他＿＿＿＿＿

□寵物行為 □寵物心理 □寵物飼養 □寵物飲食 □寵物圖鑑

□寵物醫學 □寵物小說 □寵物寫真書 □寵物圖文書 □其他＿＿＿＿＿

・請勾選您的閱讀嗜好：

□文學小說 □社科史哲 □健康醫療 □心理勵志 □商管財經 □語言學習

□休閒旅遊 □生活娛樂 □宗教命理 □親子童書 □兩性情慾 □圖文插畫

□寵物 □科普 □自然 □設計／生活雜藝 □其他＿＿＿＿＿

綠龜園

擁有最專業的養龜知識、最完善的養龜設備
讓新手養殖家，也能輕鬆上手。

Facebook　　　　　YouTube　　　　　LINE